"物理学与生活"三部曲

美妙的振动

音乐中的物理学

Good Vibrations
The Physics of Music

〔美〕巴里·帕克 著 丁家琦 译

商务印书馆
The Commercial Press

Good Vibrations: The Physics of Music

By Barry Parker

Published by arrangement with Johns Hopkins University Press,
Baltimore, Maryland through Chinese Connection Agency.

致 谢

感谢特雷弗·利普斯科姆在本书筹备期间提供的建议和帮助。感谢卡罗琳·莫泽对原稿的精心编辑。感谢约翰·霍普金斯大学出版社的工作人员对本书的大力支持。感谢画家洛丽·比尔绘制的精彩插图。最后，我要感谢位于波卡特洛的迈克音乐工作室帮我获取了照片。

想了解更多关于音乐的物理学和作者的其他著作，欢迎访问 www.BarryParkerbooks.com。

目 录

第三部分　乐器

第四部分　新科技与声学

引 言

　　在很多人眼里，物理学和音乐之间的距离，似乎有几光年那么远，但令人惊讶的是，它们其实紧密相连。当然，音乐是一种声音，声学是物理学中的一个分支，但它们之间的联系不止这一点。物理学和音乐都是有高度创造性的领域。物理学的重大进展，常常诞生于一个人的脑海里：爱因斯坦给我们带来了相对论，海森堡和薛定谔则创立了量子理论。音乐也是如此：贝多芬给我们带来了宏伟的交响曲，肖邦则创造了一系列优美的钢琴作品。由此可以看到，物理学和音乐都是人类大脑的产物。在一部分人眼中，物理学意味着一堆艰深而复杂难懂的数学公式，但它在很多人眼中却是令人愉快而享受的事业。毋庸置疑，大多数人都热爱音乐。因此，我可以很有把握地说，物理学和音乐都有忠实的拥护者。

　　这就带来了一个问题，就是这本书到底是给什么样的读者写的。我相信，音乐家会有兴趣了解更多音乐背后的科学，而大多数学生和物理学爱好者也都热爱音乐（我也是其中之一）。但在写这本书的时候，我必须得考虑一个问题：不同人的音乐口味可能天差地别。有些人热爱古典音乐，讨厌摇滚乐；有些人则热爱摇滚乐，讨厌古典音乐。因此，我尝试采用一种大众都接受的方式：把各种各样的音乐都讨论个遍。我甚至专门用一章的篇幅，讨论了所有的音乐类型。这大概就是我所能做到的极限了，希望能尽量满足大多数读者。

对音乐的简短定义

先来考虑这样一个问题：音乐是什么？这个问题看起来好像很奇怪，毕竟每个人都知道音乐是什么。但这个问题的内涵其实比你想象的要深，而且思考这个问题，也有助于我们更深刻地理解音乐和物理学之间的关系。

先来看看词典里的释义：音乐是"以形式的美感和表达感情为目的将声音组合在一起"，"将不同的音高组合在一起，产生连贯一致的声音序列，以唤起听者的审美享受"的艺术。两种描述都让我们很好地了解了什么是音乐，但它们都没有触及问题的核心。实际上，音乐是很难完整而精确地定义的。我们都知道，它是一门艺术，会激发任何一名听众的情绪反应。美妙的音乐会让你浑身起鸡皮疙瘩，而糟糕的音乐则会让你感到恶心，甚至怒不可遏。所有人听到音乐都会产生某种反应，不管你年龄多大。哪怕是婴儿，哭闹的时候一听到母亲开始唱摇篮曲，也会迅速安静下来。不仅如此，我们人脑似乎生来就是会对音乐产生反应的。有多项研究表明，音乐（尤其是演奏/演唱音乐）和人脑最深处的运作机理有关。我们现在知道，大脑的右半球负责帮助我们欣赏音乐，但研究表明，音乐与大脑多个区域都有关。比方说，音乐在语言发展中就起了重要作用，而且有趣的是，它似乎还能提高数学能力。因此，音乐除了具有娱乐价值，似乎还可能带来其他益处。

你可能会问，那音乐的特征到底有哪些呢？事实证明，音乐有四项主要特征。首先，音乐由不同的音高组成，这些音高有特定的频率。也就是说，有的音高，有的音低。其次，音乐有节奏，也就是每个音高保持的时间长度不同。本质上，节奏就是音乐的节拍，这种节拍通常是规则的（你随着音乐打拍子的时候，就是跟着音乐的节奏打拍子）。第三，音乐的强度各异，有的音量大，有的音量小，有的音量中等，但绝大多数音乐的音量都在某个范围内变化。最后，音乐还有一项特征叫作音色，正是它让音乐如此有趣。我们会在后文中讨论音色这项特征，但在这里可以用最简单的方法来描述它：音色就是让我们能区分各种不同的乐器的特征，哪怕这些乐器的演奏者都在演奏相同的音高。每个人的声音都与别人不同，也是因为音色。

　　另一个有趣的问题是，音乐始于何时？音乐是人类生活中如此不可或缺的一部分，以至于我们都相信最早的人类就已经会演奏或演唱某种形式的音乐了，或者至少能识别出节奏。他们可能会敲击粗糙的鼓，或者重复吟诵某些音节，这些也属于音乐。最早的有书面记录的音乐在美索不达米亚（今伊拉克）被发现，写于公元前1500年前后。

毕达哥拉斯和音阶

　　我们已知的音乐都需要用一系列互相关联的音高来描述，这些音高之间有着令人愉悦的关系，我们把这类按顺序排列的彼此相关的音高称为音阶。从某个简单的角度来讲，我们可以说，音阶就是一组能够形成整体的特殊音符。

　　第一组音阶发源于今意大利南部的克罗顿。公元前539年前后，古希腊哲学家毕达哥拉斯在克罗顿成立了一个学派。大多数人知道毕达哥拉斯，都是因为他提出的关于直角三角形边长的毕达哥拉斯定理（即勾股定理），但他还做出了很多其他重要发现。他对音乐的音高产生了强烈的兴趣，但主要的兴趣并不在于音乐有多优美，而是在于，他发现音乐与数字和数学有关。有一个人们耳熟能详的故事是这么讲的：一天，毕达哥拉斯路过一家铁匠铺，听到铁匠的锤子砸在铁砧上叮叮当当的声音。他停下来听了一阵，马上就开始好奇：如果铁匠多用一点力，发出的声音的音高会变化吗？于是，他走进铁匠铺，请铁匠用大小不同的力砸铁砧。令他意外的是，打铁所用的力气的差异并不会改变音高，唯一会影响音高的是锤子的大小。毕达哥拉斯困惑不已，回到家以后继续深入研究这个课题。他自己制作了一个设备，我们如今称之为单弦琴（见图1）。这是一个中空的盒子，上面绷着一根弦，在靠近盒子两端的地方，有两个楔形物顶着弦。毕达哥拉斯据说是在弦的两头都吊上了不同重量的物体，但为简单起见，我们假设弦的一头被固定在盒子一端，另一头有一个螺丝，可以调节弦的松紧。毕达哥拉斯拨弦，让弦发出特定的音调，然后拧动螺丝让弦变紧，发现弦发出的音调改变了。如今我们知道，把弦拉紧，弦的音高会变高，但当时的毕达哥拉斯还没有音高的概念。不过，他发现，在同样张力的情况下，弦越短，发出的声音也会随之变化（音高变高）。

图1　毕达哥拉斯的单弦琴

　　然后，毕达哥拉斯继续进行了一组实验。他主要关心的是音调之间的比例，所以他把不同的音调做了比较。要比较两个不同的音调，你可以同时发出这两个音，或者先后连续发出这两个音。毕达哥拉斯的第一个实验是，先拨动整根弦，

5

发出一个声音，然后往弦的正中间架一个琴马，把这根弦隔成长度相等的两段（见图2），再拨动一侧的琴弦，发出一个声音。他发现，这两个声音放在一起非常悦耳。琴弦的长度比是2：1（琴弦原长：一半的长度），这两个声音之间的音程是一个八度。我们后面会看到，八度是音乐的基本单位。比方说，钢琴上的音符就按照八度来排列，不同八度的同一个音属于同样的音符，只是音高不一样。

图2　上面是原本的单弦琴，下面是在弦的正中间
架起一个琴马之后的单弦琴

毕达哥拉斯做的第二个实验，是把琴马放在了整根弦长度的2/3处（见图3），并把被隔成的两段弦发出的声音与整根弦的声音进行了比较。他拨动长度为整根弦2/3的那段弦，发现这个音与整段弦发出的声音放在一起也很和谐。我们现在知道，这两个音之间的音程为纯五度，比方说连续按下钢琴上表示中央C和它上面的G的琴键，或者同时按下这两个键，我们听到的就是纯五度。而当他拨动长度为整根弦1/3的那段弦，他发现这个音与整段弦发出的声音放在一起也很和谐。这个短的弦发出的声音，就是比刚刚那个G高一个八度的高音G。我们后面会看到，纯五度在音乐里也扮演着极为重要的角色。

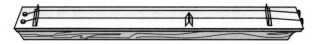

图3　在弦的2/3处架起一个琴马之后的单弦琴

在下一个实验里，毕达哥拉斯把长度为2/3 L（L表示原本的整根弦的长度）的弦发出的声音，和长度为1/2 L的弦发出的声音做了比较，发现这两个音放在一起也是和谐的。这两个音之间的音程我们称为纯四度。在钢琴上，中央C和它上面的F之间的音程就是纯四度。根据这几项实验，毕达哥拉斯发现，跟整数1，2，3，4有关的比例在形成和谐音调方面起到了重要作用。他可能还发现，C和E这两个音的长度比是5/4，这两个音也是和谐的，因此，与和谐音程相关的整数变成了从1到5。

让我们回顾一下毕达哥拉斯发现的比例，从1开始，把它们按顺序写成1/1，5/4，4/3，3/2，2/1，写成小数依次是1.000，1.250，1.333，1.500，2.000，后四个代表了四个重要的音程：大三度、纯四度、纯五度、八度。从这几个比值里，毕达哥拉斯设计出了一种音阶，叫五声音阶。在第6章，我们会看到怎么用五声音阶来构造今天使用的七声音阶。

本书内容简介

我来简要介绍一下这本书主要讲了些什么。当然，音乐本质上是声音，而声音本质上是一种波，因此，这本书的第一部分首先介绍声音，以及它与波的关系。在第1章中，我们会看到声音与波的运动有何种关联，以及波的运动与另一种被称为简谐运动的现象又有怎样的联系。我们会看到，波有两种基本类型，而声音产生于其中一种。此外，前文也提到，声音的一项主要特征是响度，也就是强度，我会引入一种衡量响度的标准，称为分贝刻度。

在第2章中，我们会研究人是如何听到音乐的。我会介绍耳朵的各个部分，并讨论我们是如何分辨出不同的音高，以及不同的响度的。在这一章的结尾，我会讨论听力损失是如何产生的。

第3章则会更详细地讨论波。具体而言，我们会考虑波在接触各种类型的边界时会发生什么。在这类情况下会发生两种常见的现象，即反射和折射，这两种现象在对声音的研究中至关重要。我们还会讨论另一种重要现象——干涉。最后，我们会研究一类在音乐中有着核心地位的波——驻波。

到了第4章，我们开始讨论音乐本身了。在这一章中，我们将把前几章中学到的知识用在音乐上，讨论泛音和音乐的音色，考虑多种振动模式，并介绍所谓的谐波分析。

在引言里，我已经介绍了音阶，它对音乐当然是至关重要的。在第5章，我会回到这一话题，详细讨论几种音阶——毕达哥拉斯音阶、自然音阶、平均律音阶、大小调音阶，以及如今的音乐家尤为关注的两种音阶——五声音阶和布鲁斯音阶。

与音阶密切相关的概念则是和弦，以及和弦连接，我们会在第6章中讨论这些内容。在这一章中，我将会详细介绍多种不同类型的和弦，展示如何给一段旋律填上和声，这是任何音乐家都必须具备的重要技能。我还会介绍其他的话题，比如和弦连接和五度圈。

在第7章中，我们讨论的话题则要转向节奏，并纵览大多数音乐类型，从摇滚到布鲁斯、爵士、新世纪、流行音乐，当然还有古典音乐。这一章应该可以让你对大多数类型的音乐有所了解。

乐器对音乐而言当然是至关重要的。从第8章开始，我就将综合介绍所有的乐器，以及每种乐器分别应用了什么样的物理学原理。在这一章，我们会主要讨论钢琴，追溯它的起源，并着重讨论克里斯托福里（B. Cristofori）在钢琴的发明中所做出的贡献。我还会介绍钢琴的构造、其琴弦所起的作用，以及如何给钢琴调音。

另一种通过弦来发声的重要乐器则是小提琴。在第9章中，我会介绍小提琴和吉他，以及其他几种弦乐器。制造小提琴是一门重要的手艺，我会通过介绍最著名的小提琴——斯特拉迪瓦里小提琴——来讨论小提琴的制造。我还会讲解小提琴背后的基本物理学原理，并介绍几位小提琴大师。在这一章的结尾，我们会讨论吉他，毋庸置疑，吉他很可能是如今美国最流行的乐器。

第10章和第11章涵盖了铜管乐器（主要介绍小号和长号），以及木管乐器（主要介绍单簧管和萨克斯）。我们会讨论这些乐器背后的基本原理、每种乐器的发声基础，也会介绍一些杰出的大师。

有一种一般人通常不会当成乐器的东西，其实是音乐领域最重要的乐器之一——人的声音。它对大多数类型的音乐都至关重要。在第12章，我会先介绍歌唱的历史，再讨论人体构造中产生歌声的各部分的解剖学特征，也就是肺和声带。本章涉及的与歌唱相关的其他话题还包括语音学、共鸣腔，以及歌唱共振峰（产生共振的区域）。最后，我也会介绍近几十年里一些最著名的歌唱家。

近几年（或者几十年），音乐有了日新月异的变化，其中一大原因就是电子乐器的诞生，尤其是电子合成器。在第13章，我们会讨论电子音乐，会看到电子合成器，以及数字技术在音乐中的应用。你可能也知道，数字技术在音乐界已经掀起了一场革命。我还会介绍MIDI（乐器数字接口），它让各种电子乐器可以相互交融，也深刻改变了音乐界。在这一章的结尾，我们会讨论麦克风和扬声器，它们在现代音乐中也占据了核心地位。

MIDI在当今的音乐中扮演的角色如此重要，值得更详细的讨论，第14章就是围绕它来展开的。我们会以录制音乐所用的音序器为中心，着重讨论如今常用软件的使用方法。近几年，电子录音技术飞速发展，尤其是在引入采样器、截取样本和虚拟乐器后。这些技术让录音行业发生了翻天覆地的变化，几乎每一个人都在使用这些技术。我还会讨论在使用音序器和录音的过程中占中心地位的混音，以及各种各样的音效，比如混响。

在第15章，我们则会转向环境的声学效果，包括音乐厅以及小一些的录音棚。我们会看到，在19世纪末20世纪初，哈佛大学的华莱士·萨宾（Wallace Sabine）几乎以一己之力发展了这门学科。对音乐厅的声学效果至关重要的因素是所谓的"混响时间"，也就是一个声音自发出到消散的时间。我们会看到混响与音乐厅之间有何等重要的关系，教你怎么计算混响时间。在这一章中，我们也会讨论家庭录音室，这是一类由业余爱好者或专业人士建立的规模较小的录音室，它们在音乐产业中的作用也越来越大。

在结语里，我会简要讨论iPod（苹果公司推出的小型便携音乐播放器），因为如今它们在音乐产业中扮演着重要的角色。

音乐记谱法

在整本书中，我会使用五线谱。由于并非所有读者都熟悉五线谱，在这一部分我会简单介绍一下。如果你已经很熟悉五线谱了，当然可以跳过这一部分。

在第5章中，我会详细讨论音阶，因此这里我只会简单地提一下。在阅读这部分内容的时候，如果手边有钢琴可以参考，那是再方便不过，不过我讲的所有内容也适用于其他乐器。在钢琴上，音符与琴键的对应见图4。左侧的低音C通常被称为中央C，因为它大致位于整个钢琴键盘的中央。黑键是带有升降号的音，比如以G为例，G左边的黑键表示降G（写作G♭），G右边的黑键表示升G（写作G♯）。（笼统来讲，升号表示比给定的音高半音，降号则表示比给定的音低半音。因此，键盘上的任何一个音，不管是白键还是黑键，都可以是相邻音的升音或者降音。）

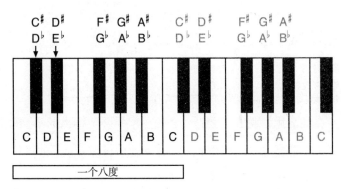

图4 从中央C开始的键盘图案，包含了两个八度及每个音的音名

为了标出这些音，我们要使用总谱，就是写在纸上的音乐。总谱包含一组乐谱，其中每行包含5条水平的直线，称为五线谱。五线谱中的每一条线，以及线与线之间的空白部分，都表示钢琴（或者其他乐器）上的一个音。对于钢琴来说，常用的五线谱有两种：一种对应于右手（高音谱表），一种对

应于左手（低音谱表）。高音谱表见下图（谱线左侧的 𝄞 符号就是高音谱号）。

C（中央C）D　E　F　G　A　B　C

图中的音符我们称为全音符，但实际情况下可能出现的音符有很多种（我在下面会一一介绍）。

对应于钢琴左手（也就是低音）的谱表见下图（谱线左侧的 𝄢 称为低音谱号）。

C　D　E　F　G　A　B　C

对于钢琴上黑键表示的音（即升降音），我们在五线谱上用如下方式表示（以高音谱表为例）：

升C　　降D　　降E　　升F

对于低音谱表，情况基本上是一样的。

刚刚我提到，除了图中用的全音符以外，还有好几种不同的音符。不同类型的音符，表示这个音持续的时间不同。音乐是以不同的时间单位写成的，有每小节有4拍的4/4拍（狐步舞曲的节奏）、每小节有3拍的3/4拍（圆舞曲的节奏），等等。全音符持续4拍，二分音符持续两拍，等等。其他音符见下图。

全音符　二分音符　四分音符　八分音符　十六分音符

在乐谱中，我们还会见到另一类"音符"，称为休止符。休止符意味着这个时段没有音符被演奏。几种不同时值的休止符见下图。

全休止符　二分休止符　四分休止符　八分休止符　十六分休止符

在音符与音符之间，你还会看到连线。两个音符之间的连线意味着音符的长度需要延续（而非重新敲击键盘），如下图所示。

最后，在整本书中，我会提到位于键盘上不同八度内的音。一个八度就是一个音与比它高但和它等价（也就是相同）的音之间的距离，比如中央C和比它高12个半音的那个音。区分不同八度上的音是很重要的，为此，我们把钢琴上最低的一个八度中的音称为C_1到B_1，下一个八度中的音称为C_2到B_2，以此类推。用这种表示方式，中央C是C_4。

当然，给音乐记谱所用到的概念和符号远远不止这些，但这些基础知识可以帮助你理解前几个章节里的音乐标记。

第一部分

声与声波

第1章 创造音乐：
声音是如何产生的

　　音乐是一种声音，但它是一种非常特殊的声音，我想所有人都会同意这一点。在这一章中，我们将讨论声音是如何产生的，以及具有何种属性的声音才能称为音乐。先来给声音下个定义吧。声音是由振动的物体产生的一种波，这里的物体可以具有多种形态，比如一把音叉、人的嗓子、警笛，或是某种乐器。声音一旦产生，就会沿着某种介质（通常是空气）传播，从声源传播到另一个地点，被接收者听到。最常见的接收者当然就是我们的耳朵。

　　鉴于我们要讨论的主要是被我们称为"音乐"的声音，有必要把它和其他的声音做个区分。音乐与其他声音的不同点在哪里呢？有很多种方式定义音乐，最简单的定义就是，音乐是有组织的声音。我们也可以说，音乐之所以不同于普通的噪声，是因为音乐的振动更为规整统一，也就是说，没有突然的变化。此外，在大多数情况下，乐音总是悦耳动听的。

第一条定义认为音乐是有组织的声音，因此我们首先来探讨一下音乐是怎样被组织起来的。音乐中有音符、节奏、乐句和小节，也有整体的曲式，所有这些概念都定义了音乐的组织方式。音乐还有另一个重要的特征，就是旋律，也就是我们听一段音乐，听过几遍以后能哼出来的调子。在一首作品中，这种旋律通常会被重复好几次，它也是让音乐有组织的要素之一。

最简单的音乐形式是纯音，就是音叉振动的时候发出的声音。纯音是音乐的基本元素，但我们会看到，单独的纯音在音乐中出现得并不多。如果一段音乐只包含纯音，想必会十分单调无趣。

因此，我们可以说，音乐是有组织的声音，它包含着旋律，也有结构性的节奏和各种各样的纯音。当然，这个定义比较机械，并没有传达音乐的本质，以及它的功能。众所周知，音乐最重要的作用是表达情感，而它也擅长于此。毋庸置疑，音乐感染着我们每一个人，它可以传达喜悦，让我们起鸡皮疙瘩，甚至让听众热泪盈眶。为什么音乐能对人产生这么大的影响，这也是我们在本书中将会探讨的问题之一。

波的运动

关于声音，我们学到的第一件事就是它是一种波。这就意味着对声音的研究会围绕着对波的研究来进行。波到底是什么呢？它在我们身边随处可见，我们每天都会遇到各种各样的波。除了声波，广播和电视信号也属于波，水面上有水波，微波炉里有微波，地震通过地震波来传播。每种波都是由某种振动导致的。

我们最熟悉的一种波就是水波，所以先以它为例来讨论一下。假设你站在一个池塘的岸边，往水里丢了一颗石子，会看到什么现象？石子碰到水面的一瞬间，你会看到水面上出现了一系列同心圆，从石子接触水面的那个点出发向外传播（见图5）。仔细看这些同心圆，你会发现每个圆都包括波

图5　一个女孩往池塘里丢入一颗石子，形成一道水波

峰和波谷，波峰高于平静的水面，而波谷则低于平静的水面（见图6）。水波从石子接触水面的位置出发，以特定的速度向外移动，看起来就像是水在往外移动一样。但这只是某个特定的波峰或者波谷周围的水在上下振动，实际上水本身的移动是很少的。水并没有整体移动，只是波穿过了水向外传播。

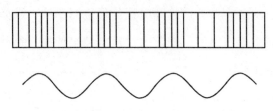

图6　图5中水波的截面，从中可以看到一系列波峰和波谷

如果你可以切出波的横截面，也就是说沿着波传播的方向切一刀看看切面的形状，就会看到一条弯弯曲曲的线，上面有一系列波峰和波谷。这条线称为正弦曲线，因为它与正弦三角函数的图像完全相同。

为了更好地理解这类波，我们可以自己制造出一道波，并仔细研究它的性质。最好的方法是找一根绳子，把绳子的一头系到门把手或者其他凸起的物体上，用手拿着另一头，把它拉紧，然后再突然把手拿着的这一头向上甩。这样一来，这一端就产生了一道脉冲，类似于一个单波（由一个波峰和一个波谷组成的波），它会从手拿着的这一头传播到门把手所在的那一头（见图7）。不过，我们想制造出一系列的这类脉冲，需要持续不断地用手上下甩动绳子的这一头。要让这些脉冲间距相等，上下甩动的频率也要保持稳定。这样一来，我们就在绳子上制造出了一系列间距相等的脉冲，它们连起来跟水波的截面一模一样。

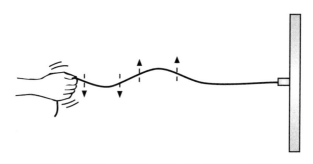

图 7　上下甩动绳子的一端，可以制造出一道波

从这个实验中可以得到一个明显的结论：要制造波，需要有振动。事实证明，一种特定类型的振动在音乐中极为重要，就是简谐运动。假如一个物体受到的力正比于它偏离平衡位置的位移，这个物体所产生的运动就是简谐运动。做简谐运动的物体遵守胡克定律。

简谐运动的一个典型例子就是往一侧拉紧琴弦，然后再松开（如拉紧吉他弦）。很容易看到，把琴弦拉得越远，琴弦受到的让它回到平衡位置的张力就越大，因此，它显然遵守胡克定律。如果我们把琴弦往右拉，然后释放（见图 8），琴弦的张力会让它加速往平衡位置移动，因此它会移动得越来越快。开过汽车的人都很熟悉加速度的概念，要让汽车快速行驶，你必须让它加速，也就是增加它的速度。加速度就是单位时间内速度的变化。

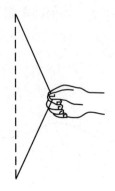

图8　把一根琴弦往右侧拉，然后松手，它就会做简谐运动

在琴弦接近平衡位置（在图中就是竖直位置）的过程中，它与平衡位置的距离减小，因此它受到的让它回到平衡位置的力（回复力）也减小了。但让它具有加速度的正是这个回复力。根据牛顿第二运动定律，物体的加速度正比于它所受到的力。因此，在琴弦回到平衡位置的过程中，虽然它的速度越来越快，但同时加速度也越来越小。最后，在到达平衡位置的一瞬间，回复力为零，琴弦的加速度正比于回复力，因此也为零。既然这一瞬间没有力作用在琴弦上了，它是不是应该停止运动了？并非如此，它会以最快的速度穿过平衡位置。为什么它不会停下呢？因为惯性。每次坐车，车子加速时，你就会感受到惯性。简单来说，惯性就是阻碍物体运动状态发生变化的性质：如果不受任何外力，物体会倾向于

保持静止，或者保持原先的运动状态。因此，匀速运动的物体如果不受到外力，就会继续保持匀速运动状态。对于琴弦来说，它在穿过平衡位置的一瞬间，并没有受到外力。一旦过了平衡位置到了另一侧，琴弦又会产生张力，只不过这次作用在另一个方向。由于张力与琴弦偏离平衡位置的距离成正比，随着琴弦往左运动得越来越远，张力也越来越大。这个力会产生加速度，不过这次加速度的方向与琴弦的运动方向相反，因此会让琴弦减速。

随着琴弦往左运动，回复力不断增加，琴弦不断减速，最终速度减到了零。这个时候，琴弦的位置刚好与一开始我们在右侧松开它的时候对称。从现在开始，回复力又带着琴弦往右运动，逐渐回到平衡位置，于是它又往右侧加速，以最快速度穿过平衡位置，回到自己开始的位置。如果没有空气阻力或者琴弦末端的摩擦力，这个过程会永远持续下去，但实际情况中总会有一些摩擦力，因此振动幅度会越来越小，琴弦最终会停下来。

能看出来，简谐运动相对来说较为复杂，运动物体的速度一直在变化，加速度也同样如此。不过，速度和加速度的变化永远是平稳的，没有突然的变化。

发生简谐运动的例子不仅包括被拉紧的琴弦，钟摆的运动也属于简谐运动（见图9）。1583年，伽利略在大教堂里注意到来回摆动的吊灯。吊着它们的绳子长度都相同，但它们偏离平衡位置的摆动幅度各不相同。我们把偏离平衡位置的最大距离称为振幅。伽利略注意到，虽然这些吊灯的振幅各不相同，但它们来回摆动一次所需要的时间（我们称为周期）似乎都是一样的。伽利略利用自己的脉搏给吊灯的摆动计时，发现它们的周期的确是相等的。

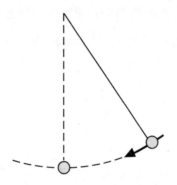

图9　单摆的简谐运动示意图

这一现象引起了伽利略的注意。回家之后，他决定进一步研究摆动物体的运动。他给一根绳子的一头系上重物，用它来做实验。伽利略注意到的第一件事，即物体摆动的周期并不依赖于重物的重量，但依赖于绳子的长度（即摆长）。实际上，摆动周期正比于摆长的平方根。这意味着，如果绳长1英尺，摆动周期为1秒，那么绳长2英尺的话，摆动周期就为$\sqrt{2}$秒；绳长4英尺的话，摆动周期就为$\sqrt{4} = 2$秒。

现在，我们再来看看摆动物体的运动，就像我们之前讨论拉紧的琴弦一样。把物体拉向右侧，物体就会受到一个回复力的作用。不过，这种情况下的回复力和琴弦所受的回复力不一样，因为物体在回到平衡位置的时候沿着一个圆弧运动。在最高点，物体的位置比平衡位置要高，因此，人松手的时候，重力作用于物体，把它往下拉。但显然，重力不是作用于物体唯一的力，绳子的拉力也作用于物体，它把物体往上拽。因此，回复力其实是重力没有被绳子拉力抵消的那一部分。

由于物体刚被释放的时候位于最高点，重力沿切向的分力对它运动的作用最大，因此在这一点，加速度也最大。不过，在物体下落的过程中，重力沿切向的分力对它的运动的影响变小，于是它下落的加速度也变小。但由于这个过程中一直都有加速度，重物下落的速度越来越快，并且在到达最低点、绳子处于竖直状态时速度达到最大值。在这个位置，重力与拉力重合，物体在水平方向上没有受到任何力，但由于惯性的作用，它会穿过平衡位置，继续往左摆动。到了另一侧，重力的切向分力就与物体运动方向相反，于是物体减速运动，最终停在差不多与开始被释放的位置相对称的位置。在这个位置，重力对物体运动的影响再次达到最大，于是物体又开始往下运动，摆向平衡位置。它会一次次地重复这个过程，如果没有摩擦力的作用，它会永远这样摆动下去。

很容易看到，这种运动和拨动弦以后弦的运动非常相像，它们都属于简谐运动。

波的类型

简谐运动对波动来说是最为基础的运动形式。回头想想我们系在门把手上的绳子，就能理解这一点。我们看到，通过制造等间距的脉冲，让这些脉冲沿着绳子往前运动，就能产生类似于水波的横截面。仔细看这类波，会发现它由等间距的波峰和波谷组成。波峰就是绳子高于其平衡位置（把绳子拉紧时的高度）的地方，波谷就是绳子低于平衡位置的地方。当然，也有一些地方绳子的高度刚好跟平衡位置相同，这种地方叫作节点。这类波叫作横波，小提琴和钢琴的琴弦产生的波，都属于横波。绳子上每一点的运动方向都垂直于波传播的方向，这一特征正是横波的基本性质。

还有另一种类型的波，在自然界中也非常重要。要理解这种波是如何生成的，可以找一个玩具弹簧来试一试。你应该对这种玩具很熟悉，很可能小时候就玩过。它是一种连续的金属线圈，很容易被拉伸。如果你把玩具弹簧的一头系在门把手上，把它拉直（或者尽可能地拉直），然后迅速推一下它的一头，就会发现，和之前的绳子一样，有一个脉冲从你手拿着的这一头传递到门把手的那一头。但这种脉冲和绳子上的脉冲不一样（见图10），它是由玩具弹簧的前后移动造成的扰动。第一圈弹簧被你推了一下开始往前走，它又推动了相邻的第二圈弹簧，把它推离了平衡位置，而这又给第三圈弹簧带来了一个推力或者拉力，让它离开了平衡位置，以此类推。结果就是，弹簧里产生了一个扰动，并沿着弹簧向前传播。在这种情况下，扰动的方向和波传播的方向相同，这正是它跟横波不同的地方。不过，在其他一些方面，这种波和横波非常相似。这种波称为纵波，我们后面将会看到，这种波对音乐也非常重要。

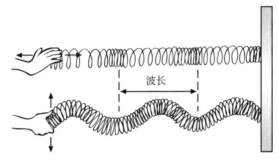

图 10　用玩具弹簧展示的波，上面为纵波，下面为横波

　　我们来仔细分析一下这两种波，先从横波开始。可以看到，横波有波峰和波谷，而且沿着它传播的方向，也有有规律的不断重复的波形。由于它的形状和三角正弦函数的图像相同，我们可以称它为正弦波。整个正弦波的形状，就是一小段形状的重复重复再重复，这一小段波形的长度（从一个点到与它相邻的类似的另一个点的距离）被称为波长，通常用希腊字母 λ 表示。波长可以通过一个波峰的最高点到相邻波峰的最高点的距离来测量，也可以通过一个波谷的最低点

到相邻波谷的最低点的距离来测量，或者任意两个相邻的处于对应位置的点。从平衡位置到波峰最高点的距离称为波的振幅，图11中展示了波长和振幅的定义。横波（正弦波）的另一个重要特征是每秒钟通过一个点的波峰（或波谷）个数，这个数值称为频率，通常用字母 f 来表示。

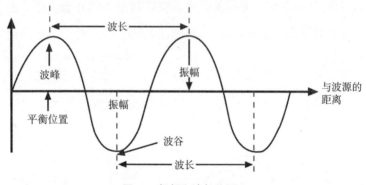

图11　振幅和波长的图示

如果有两条并排的绳子，上面有两道波刚好肩并肩，波峰和波谷完全对齐，我们就说这两道波同相。而如果两道波的波峰和波谷错开了，我们就说这两道波异相。还可以进一步衡量两道波异相的程度：如果刚好一道波的波峰跟另一道波的波谷对齐，我们就说这两道波相差了半个波长。

现在，我们把目光转向在玩具弹簧上见到的纵波。在纵波传播的弹簧上，我们可以看到有些地方每圈弹簧之间的距离比平常更近，这种地方称为密部，有些地方每圈弹簧之间的距离比平常更远，这种地方称为疏部。密部和疏部相当于横波中的波峰和波谷。同样，纵波也有波长，就是相邻两个密部或者疏部（或者任意两个相邻的对应位置的点）之间的距离。此外，弹簧密度与平常相同的地方称为节点，每秒钟通过一个点的密部（或者疏部）的数量称为频率。

声音

前面说过，声音是一种波，由振动的物体发出，通过某种介质从一个地方传播到另一个地方。传播声音的介质通常是空气，但像水和钢铁这样的其他介质也能传递声波。不过，现在我们知道，波分为两种：横波和纵波。声音属于哪种呢？想象一下声音在空气中传播的场景，很容易知道它属于纵波。声音之所以能在空气中传播，是因为空气分子的振动。你在讲话或者唱歌的时候，你的声带对周围的空气施加了一个力，让它们偏离了平衡位置，进而推动相邻的分子偏离平衡位置。这些推拉运动一直向前传播，到达接收者的位置，就像沿着玩具弹簧传播的波一样。

像声波这样需要空气这样的介质才能传播的波称为机械波；还有另一种波不需要介质就能传播，被称为电磁波。我们会看到，电磁波在音乐中也起了重要作用，比如无线电波。

声波的特性

音叉是一种我们熟悉的设备，它可以产生单一频率的声波。音叉的叉臂在来回振动的过程中，会推动周围的空气分子。叉臂向前运动时挤压分子，产生一个密部；叉臂向后运动时，则会产生一个疏部。如果我们在旁边放一个两头开口的管子，密部和疏部就会被限制在管子里，如图12所示。这种波的性质与我们之前讨论的纵波一样。相邻密部或疏部之间的距离就是声波的波长。音叉的制作工艺可以保证它一直以一个特定的频率振动。如果是一把音高为中央C的音叉，它的振动频率为256次/秒，沿着管子向外传播的纵波的频率也是256次/秒。

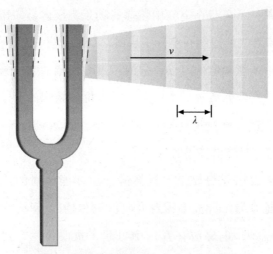

图12 振动的音叉在空气中产生一道纵波

研究管子中声波的另一种方法，是测量其中各点处的气压。在密部，气压应该会比正常情况下（平衡气压）更高，在疏部则更低。我们还可以绘制管中气压随着时间变化的图像，这类图像的形状和图 6 一致。我们可以立刻看到，它看起来跟横波一样。这表明，横波与纵波之间有着密切的关联。当然，这并不代表它们是同一种东西，事实上它们完全不同。

前面说到，声波有特定的频率，也就是每秒通过某个特定点的密部的数量。此前，我们采用的频率单位是振动次数/秒，现在我们使用的单位名称叫赫兹（Hz），1 Hz = 1 次振动/秒。这样一来，前面提到的音叉发出的声音的频率就是 256 Hz。

声音的另一项特征是周期，周期就是一个密部或疏部穿过两个相邻位置对应点的时间。周期和频率之间的关系是频率 = 1/周期，也就是说，频率是周期的倒数。

人耳可以听到的声音覆盖的频率范围非常广，能够低至 20 Hz、高至 20000 Hz。频率低于 20 Hz 的声音称为次声波，频率高于 20000 Hz 的声音称为超声波。不同的人听到的声音的频率上限不一样，随着人年龄增长，能听到的最高音的频率通常会下降，也就是说你听不到接近 20000 Hz 的声音了。通常来讲，动物可以听到的频率范围比人类更广。比方说，狗能听到 50 Hz 到 45000 Hz 的声音，蝙蝠可以探测到频率高达 120000 Hz 的声音，海豚的可探测频率更是高达 200000 Hz。

大多数人听到高频率的声音时，会说这个声音音调很高。

通常来讲，音高和频率被认为是同义词，但我们后面会看到，这两个概念并不完全一样。

声音的强度

声音的另一项特征是响度。当波穿过空气这样的介质时，会在移动的过程中传递能量，能量是指物体做功的本领（单位是焦耳）。这种能量通过波源的振动传递给介质。波的能量依赖于振动的振幅：振幅越大，能量越大，声音就越响。以吉他弦为例，它被拉到一侧的距离越远，弦的振幅越大，发出的声音就越响。

响度与强度有关，后者的定义是单位时间穿过单位面积的介质的能量。单位时间的能量是功率，因此强度就是单位面积的功率。由于功率的单位是瓦特（W），强度的单位就是瓦特每平方米（W/m^2）。

随着声波在介质中逐渐传播开来，它的强度也不断减弱。看一下图13，这一点就显而易见了。随着波向外传播，从1米到2米，再到3米，同样大小的能量分布到越来越广的面积中。由于面积逐渐增大，而能量又保持不变，单位面积的能量逐渐减小。这种关系被称为平方反比定律，意思是波的强度与距离的平方成反比。也就是说，如果距离加倍，强度就会减小到原来的四分之一；如果距离变成3倍，强度就会减小

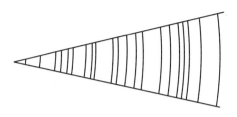

图 13 声波 "向外传播" 的图示

到原来的九分之一；以此类推。

每一天里，撞击人类耳朵的不同声音的强度差异很大，大到物理学家需要使用以 10 倍为一个单位的刻度。这是一种对数刻度，称为分贝刻度。以我们人类听觉阈值（也就是人耳刚刚能听到的强度）为标准，强度为这个标准 10 倍的声音被称为 10 分贝（dB），换算成物理学标准的国际单位制是 10^{-12}W/m^2；强度为这个标准 100 倍的声音表示 20 分贝（10^{-11}W/m^2）；以此类推。也就是说，10 分贝的声音是听觉阈值的 10^1 倍，20 分贝的声音是听觉阈值的 10^2 倍，30 分贝的声音是听觉阈值的 10^3 倍，以此类推。表 1 中给出了生活中一些常见声音的强度。

表 1 一些常见声音的强度

声音	强度（dB）
树叶的沙沙声	10
通常起居室里的声音（背景噪声）	40
正常对话的声音	60
大城市里街边车辆声音	80
大型交响乐团（以较高音量演奏）	95

声音	强度（dB）
工厂车间	100
让耳朵感觉疼痛的最低声音强度	120
飞机起飞的声音	140
导致鼓膜穿孔的声音强度	160

声音的强度可以被精确测定。很明显，声音的强度和响度有关联，但它们也不是同一个概念。声音的响度依赖于好几个因素。对于给定强度的声音，不同人耳朵里听到的响度也不一样。比方说，老年人听到的响度就不如年轻人。此外，声音的频率也会对响度产生影响。强度相同、频率不同的声音，听起来的响度也会不一样。

声音的速度

声音在穿过空气这样的介质时，空气粒子会受到扰动，它们又会进而扰动相邻的粒子，使得能量在介质中传播。单个粒子不会走得很远，宏观来看，整个这一片介质根本就没有移动，但波以特定的速度穿过了这片介质，其速度依赖几个因素。我们都知道，速度等于距离除以时间，因此它在国际单位制里的单位就是米/秒（在英制单位里则是英尺/秒）。

波在某种介质里传播的速度受两类性质影响：介质的惯

性性质和它的弹性性质。我们在讨论与声音相关的惯性的时候，指的是组成介质的粒子的惯性。粒子质量越大，惯性也越大，因此对穿过介质的波的反应也越小。这就意味着，在一般情况下介质的密度越大，波在其中的传播速度就越慢。因此，假设其他因素都相同，声音在低密度的气体里传播的速度要比在高密度的气体里快。

弹性性质指的则是材料在受到外力后恢复原本形状的能力。钢铁属于一种硬度高而弹性差的材料，而橡胶则属于弹性强的材料。硬度高、弹性差，表明这种材料内部的原子或分子之间的作用力比较强。而一般来讲，由于金属的分子间作用力强于流体，流体的分子间作用力强于气体，因此声音在固体中传播的速度最快，其次是液体，最后是气体。

温度和压强也会影响声速。声速会随着温度或压强的升高而提高，因为介质的弹性和惯性发生了变化。在标准大气压和0℃的温度下，声音在空气中的传播速度为331.5米/秒，而在20℃的温度下，声速提高到343米/秒。表2给出了不同介质中声速的例子。

表2　0℃下各种介质中的声速

传播介质	声速（米/秒）
空气	332
氢气	1270

传播介质	声速（米/秒）
水	1450
铁	5100
玻璃	5500

　　包括声波在内，所有波的速度与它们的波长和频率之间都存在这么一个关系：速度＝波长×频率。用公式来表示就是 $v = \lambda f$。

　　但是，这个公式并不是表明不同频率（也就是不同波长）的声音会以不同的速度传播。声速并不依赖于频率或者波长。如果波长改变，传播速度并不会随之改变，改变的是频率，反之，如果频率改变，波长也会随之改变。声速只依赖于它身处其中的介质的性质。

第2章 音乐之声：感知

想象一下，你坐在音乐厅里，满怀期待地等待着音乐会开始。一瞬间，所有灯光都暗了下来，然后，彩色的灯光照向舞台，乐手们边挥手边从后台跑到台上。前几个音符响起的时候，你的身体里就涌起一股激动的浪潮。你倚靠在座位上，欣赏着乐手们的演奏。音乐节拍的脉动传达给每一名听众，很快大家开始随着节拍鼓掌。

我敢说，读者中大多数人对这种场景都不陌生。你们去过音乐会，也认同音乐给我们的生活带来了很多兴奋与喜悦。毋庸置疑，让我们得以享受音乐的是我们的听觉。但令人惊讶的是，很少有人想过我们的听觉有多重要，以及它是如何发挥作用的，又是为什么能发挥作用。在这一章，我们就将深入探讨这个奇迹般的过程。我们会探讨耳朵如何加工音乐，如何分辨不同的音高和响度。不过，在这一章我们只考虑纯音，也就是单一频率的声音。之前说过，纯音在音乐中其实是十分少见的，但理解它对于我们理解更复杂的声音是十分重要的。

人耳的结构

人耳包含三个部分：外耳、中耳和内耳（见图14）。每个部分都在处理声音的过程中扮演了重要角色，我们后面将会一一说明。不过首先，我们来回顾一下声音是怎么产生的。假设它来自一件乐器或者人的嗓子，乐器或人嗓发出的振动在空气中产生了一种压力波——这是一种纵波，使空气分子形成密部和疏部，并向外传播。这种波以343米/秒的速度

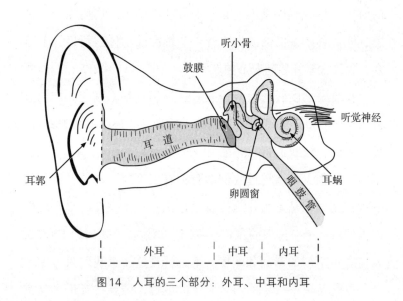

图14　人耳的三个部分：外耳、中耳和内耳

奔向我们耳朵中的鼓膜，如果它的频率在20~15000 Hz之间，我们的听觉系统就会产生反应。本质上，这个声音会让我们的耳膜发生振动，这种振动进一步传送到中耳和内耳。振动的信号在内耳被转化成一个电脉冲，并传向大脑。内耳之所以位于头骨深处，是有充分理由的：它是耳朵中最敏感的一部分，如果出了错便很难修复，因此我们必须好好保护它。

外耳

外耳是耳朵中最容易被我们看到的一部分（或者说至少它的一部分最容易被我们看到），大多数人所说的"耳朵"其实就是外耳。最外面的部分被称为耳郭，它的主要功能是收集声音，并将其引导到耳道中。耳道是一条长约3厘米的通道，它的尽头是耳膜。耳道可以被看作是一条一端封闭的管子，而我们都知道，这类管子通常会有一个固有共振频率（后文会更详细地介绍共振）。通过简单的计算可以知道，长约3厘米、一端封闭的管子的共振频率大约为3000 Hz。这就意味着，我们的耳朵对这个频率周围的声音应该最为敏感，事实也确实如此。

耳道尽头的就是耳膜，即鼓膜。它由一种纤维状的材料构成，看起来就像被拉伸了的皮肤。大多数人会把它想象成像鼓一样扁平的形状，但它其实有些接近圆锥形，对靠近中心处的振动最为敏感。

中耳

与外耳一样，中耳也被空气所包围，因此中耳处的气压与大气压是持平的。除非你感冒了，或者坐在飞机上，正在急剧上升或下降，中耳的气压跟外耳应该始终是一致的。这个平衡要归功于咽鼓管，它连接了中耳和咽喉（见图15）。你想必经历过，在起飞的飞机上或者潜水时耳膜会感受到压力，也知道如果做出一个吞咽的动作，这种压力感就会消失。在这个过程中发挥作用的就是咽鼓管：咽鼓管打开，平衡了中耳与外耳间的压力。

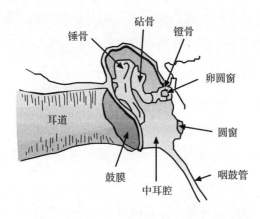

图15　中耳，图中展示了锤骨、砧骨和镫骨

冲击鼓膜的任何振动都会被一套类似于机械杠杆的装置

传送到耳内。这套杠杆由三块称为听小骨的骨头组成，分别叫作锤骨（形似锤子）、砧骨（形似铁砧）和镫骨（形似马镫），也展示在图 15 中。锤骨与鼓膜的中心相连，通过韧带与砧骨紧紧相连，这样一旦锤骨移动，砧骨就会随之移动。砧骨又和镫骨相连，镫骨的"踏板"与一扇小小的"窗户"相连，后者称为卵圆窗，与内耳相连。

鼓膜和卵圆窗在很多方面类似麦克风里的振膜。你可能知道，人对着麦克风讲话或唱歌时，嗓子发出的声音会导致气压的变化，进而导致麦克风中振膜的振动。振膜连接到一个能够产生电流的设备，电流大小正比于它的振动幅度。因此，结果就是，它感受到了气压的变化，并将其转换成电信号。

在中耳，锤骨、砧骨和镫骨形成一套简单的杠杆，锤骨和砧骨的运动让镫骨推动卵圆窗前后运动，在卵圆窗另一侧的液体中产生波。杠杆把信号略微放大一点点，但还没到放大器的程度：整个系统只把振动增加到原来的 1.3 倍，我们称它的机械效益为 1.3。这个机械效益看起来并不算高，但它非常重要。真正的放大来自鼓膜与卵圆窗的大小差异。鼓膜的面积大约为 0.6 平方厘米，但卵圆窗只有 0.035 平方厘米，也就是鼓膜的二十分之一。因此，施加在卵圆窗上的压力大概是鼓膜的 25 倍。这个放大效应就很可观了，它能帮助我们听到强度仅为没有放大前六百分之一的声音。

中耳的另一个关键功能是在鼓膜与卵圆窗之间提供更好

的阻抗匹配，这对于两种不同介质之间的界面至关重要。要在第二种介质中产生特定的振动速度，需要施加相应的变力，阻抗就是衡量这个力大小的量。如果第一种介质的阻抗与第二种介质相匹配，能量就可以全部或者大部分传播到第二种介质中，否则一些能量就会被反射回去。阻抗匹配在耳朵里格外重要，因为施加在鼓膜和卵圆窗上的压力相差悬殊。在300~3000 Hz的频率范围内，人耳中的阻抗匹配大概是完美情况的50%~70%。

内耳

内耳是耳朵的三个部分中最复杂的一部分，在这里机械振动被转化成电信号。内耳中最重要的组成部分是耳蜗，它的外表看起来就像一个蜗牛壳，绕了大概两圈半。耳蜗包含两个相连的腔室，其中充满一种名叫外淋巴液的液体（见图16）。（在两个腔室之间还有一个腔室，里面充满了另一种叫内淋巴液的液体，不过这个腔比较小，我们不讨论它。）

为了理解声音是如何传入耳蜗的，我们可以想象把螺旋的耳蜗拉直。拉直的耳蜗长约3厘米，两个腔室之间被一片窄窄的薄膜隔开，这层膜称为基底膜。上面（卵圆窗内部）的部分称为前庭阶，下面的部分称为鼓室阶。基底膜在靠近卵圆窗的地方最窄（被拉得最紧），往里逐渐变宽，因此它大致

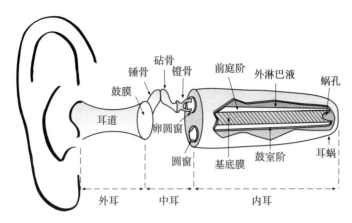

图16 内耳示意图，图中标出了基底膜、外淋巴液和鼓室阶

呈三角形。内耳的最内侧是蜗孔，它把两个腔室连接起来。旁边的基底膜承受的张力最小，因此振动的频率要低得多。

基底膜的下面一侧覆盖着约30000个毛细胞，排列成排。每个毛细胞上伸出了12~40根纤毛，形成小小一撮，在这些纤毛的上方有一层叫作盖膜的软垫。听觉神经与毛细胞相连，它们由一束纤维组成，这束纤维通往大脑。

卵圆窗的振动传到外淋巴液中，导致液体的扰动，这一扰动沿着基底膜传播，进而影响了毛细胞；毛细胞反过来产生电脉冲，传输到大脑，被大脑解读为声音。

识别音高

内耳最重要的功能之一就是识别不同的音高或频率。它是怎么做到这点的？要回答这个问题，我们得首先了解共振的概念，它与音高的识别有关。之前提到，所有物体都有各自的固有频率，也就是它们能最有效地振动的频率。如果对物体人为施加一个周期性的力，就会迫使它们按照外力的频率振动，但如果这个频率不同于物体的固有频率，受迫振动就会消耗大量的能量（用来克服固有频率）；如果外力的频率刚好等于物体的固有频率，物体的振动就会变得格外容易，振动的幅度也会越来越大。举个例子，如果你把两个同样频率的音叉靠近放置，敲响其中一个，另一个也会跟着开始振动。在这种情况下，能量从一个音叉被传播到了另一个音叉上。

关于人耳如何识别音高的首个理论由德国物理学家赫尔曼·冯·亥姆霍兹提出。虽然现在来看这个理论有些过于简化了，但考虑它还是有必要的，因为它在某些方面是正确的。亥姆霍兹既是一名生理学家，也是一名物理学家。他在父亲的坚持要求之下学了医学，但他自己更喜欢物理学。他在普鲁士军队中当了几年外科医生，然后获得了柯尼斯堡大学生理学教授的职位（后来又去了海德堡和柏林任教）。他对听觉和视觉的机制都很感兴趣，在两方面做出了重要贡献。他对耳朵的兴趣也毫无疑问地延伸到了音乐方面：他成为一名卓有成就的音乐家，后来还把很多物理学原理用在了音乐之中。

亥姆霍兹在听觉方面的主要贡献与基底膜有关。从卵圆窗的方向看基底膜，它呈三角形，像一台扬琴（或者竖琴），靠近卵圆窗一端的"琴弦"较短、拉得很紧，而远离卵圆窗一端的"琴弦"则又长又松。当一个纯音到达卵圆窗使其发生振动的时候，这种振动会传递到外淋巴液中。亥姆霍兹推测，在基底膜的某处会有一根"琴弦"的频率与这个声音匹配。换句话说，这根"琴弦"会与这个频率的声音发生共振，从液体中"拾取"这个声音，自己振动起来，而其他"琴弦"则不会。在这根"琴弦"背后有一个毛细胞，"琴弦"的振动会让它产生电脉冲并传向大脑。

亥姆霍兹的想法对于匈牙利布达佩斯的通信工程师格奥尔格·冯·贝凯希（Georg von Békésy）来说，或许过于简单了。贝凯希在匈牙利电话系统工作，1928年他在研究电话传声的机制和人类听觉机制之间的关系时，开始好奇人类的听觉比电话传声的机制好多少，并决定研究耳朵。他用一根装满水的管子作为耳蜗的机械模型，在管子中部的下面放了一张被拉紧的薄膜，表示基底膜，在靠近一端的位置放了另一张膜，表示卵圆窗。当卵圆窗开始振动，他发现有一道波扫过基底膜。贝凯希还发现，通过调整基底膜的张力，他可以把波中凸起最高的地方限制在薄膜上某一个特定的区域。换句话说，整个基底膜上波的振幅，只在一个位置显著增加了。

贝凯希继续用动物的耳蜗乃至人类尸体的耳蜗做实验。他使用了几种新颖的技巧，最终发现当卵圆窗振动的时候，动物和人耳蜗里的基底膜上也会出现类似于机械模型上的振动，且与模型一样，膜上的波在某一个特定位置会出现最大振幅。简而言之，当波沿着基底膜移动的时候，它的振幅会不断增大，直到在某个特定点达到最大值，然后再突然减小（几乎在一瞬间）。振幅达到最大值的点，对应于耳朵听到的频率。在这个位置，毛细胞会做出反应，向大脑发送电信号。每个毛细胞发出的电脉冲强度都是一致的，声音越强，发出的脉冲数目越多。

响度和响度曲线

在上一章，我们简单介绍了响度，但有一些方面没有涉及，我们将在这一章详细说明。前面讲过，通常用来衡量响度的是声音的强度，这个物理量可以通过直接测量来得出（单位为 W/m^2）。我们还引入了一个单位叫作声级，以分贝（dB）来衡量。由于声音强度的范围巨大（不同声音的强度可能会相差 10^{12} 倍），我们用从 0 到 120 的对数刻度来表示分贝。

实际上，声音的响度是个因人而异的概念。对一个人来说很响的声音，可能对另一个人来说并没有多响，也就是说，响度是主观的。此外，耳朵对不同频率的声音感知的响度也不一样。如果你用信号生成器产生 40 dB 的 500 Hz 的声音给一个人播放，再给他放同样 40 dB 的 1000 Hz 的声音，他多半会觉得这两个声音不一样响。因此，采取主观的衡量标准比较方便。要得到这个标准，我们需要找一群人，听同样强度、不同频率的声音，把它们的强度调整到听起来响度一样的水平。我们以1000 Hz为参考频率，也就是说，让这群人听40 dB的1000 Hz的声音，然后听500 Hz的声音，把它的响度调整到听起来跟之前1000 Hz的声音一样大。然后继续调整300 Hz、200 Hz等频率的声音，并把不同声音强度和响度的关系绘制成图像，见图17。图中的参考频率1000 Hz对应的自然是一条直线。

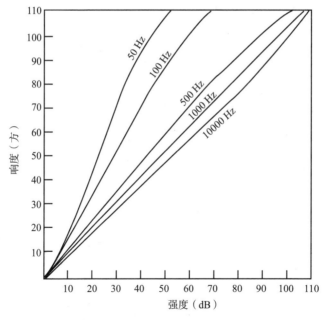

图17 不同频率声音的响度随强度变化的图像

从图中我们可以看到，对于100 Hz的声音，只要达到

30 dB的强度，就可以听起来跟50 dB一样响；而同样强度的10000 Hz的声音听起来只有15 dB那么响。总的来说，同样的强度，低频的声音听起来比高频的声音更响。在这个基础上，我们可以定义一种衡量响度的方法，称为响度极限（LL），其单位叫作方（phon）。对于1000 Hz的声音，1方等于强度为1 dB的声音的响度，而对于其他频率，就不是这个比例了。在低音区，不同频率的声音，其响度与强度的比值差异很大，对于高频声音，差异则较小。

我们也可以把这样的差异绘制成所谓的等响度曲线。在图18中，每条曲线表示在响度相等的情况下，声级（以dB为单位）和频率（以Hz为单位）的关系。

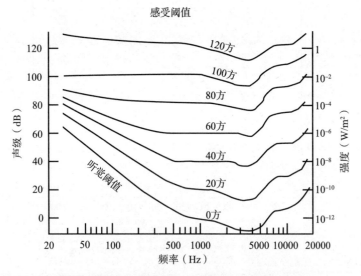

图18　相同响度的情况下，声音强度与频率的关系

音高敏感度和最小可觉差

我们在这里仍旧和前文一样只讨论纯音，我们要讨论的问题是人类可以分辨的最小音高（即频率）差别是多少。换句话说，如果先播放一个音，再播放音高与它非常相近的音，你能否准确分辨出哪个音更高。这种分辨力称为音高敏感度，也称音高差异敏感度，通常以百分比来衡量。

在测量音高敏感度时，我们会播放一个纯音，保持强度不变的情况下改变它的频率，直到被试者能分辨出频率出现了差别。初始频率 f_1 和最终频率 f_2 之间的差就是 f_1-f_2。由于这个差异受频率本身高低的影响很大，所以我们需要引入 f_1 和 f_2 的平均值，称它为 f。这样，我们就可以用 $(f_1-f_2)/f$ 来衡量音高敏感度，这个百分比通常为 0.5%~1%。两个音的频率差则被称为最小可觉差（just noticeable difference, JND）。

总的来说，人类对高频率声音的音高敏感度最差。在 500 到 5000 Hz 之间，音高敏感度的值通常为 0.5%~1%，但在 500 Hz 以下，这个数字会大幅升高，见图 19。对于 1000 Hz 以下所有频率的声音，最小可觉差大约都在 1 Hz 左右，但在频率高于 1000 Hz 的频段，最小可觉差会大幅升高，也就是说，我们分辨音高的能力会大大下降。对于超过 10000 Hz 的声音，我们就完全无法分辨其音高了。

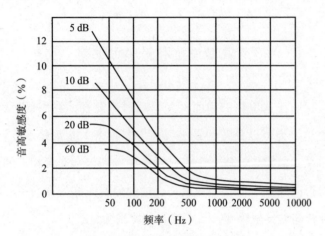

图19 音高敏感度与频率的关系图

　　我们也可以针对声级绘制一张类似的图表（也就是使用频率相同、声级稍有差异的声音），见图20。我们先给被试者播放一个声音，再播放频率相同、声级稍有差异的声音，让他们说出哪个声音更响。对于不同频率的声音，能区分出来

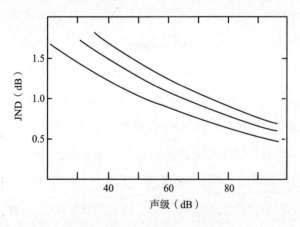

图20 声级的最小可觉差随声级的变化趋势

的最小声级差异也不同。在频率较低、声强较低的时候，最小可觉差要更大一些。总的来说，声级的最小可觉差在0.5~1 dB之间。

听力损失

听力损失可由多种因素导致，但最常见的原因是持续曝露在高强度的声音环境下，尤其是超过100 dB的声音。

耳聋有两种基本类型，一种称为传导性耳聋，另一种称为神经性耳聋。传导性耳聋是指声音无法从鼓膜准确传导到内耳导致的耳聋，这种情况一般是听小骨出了问题，通常是由中耳反复感染导致的。这种耳聋大多发生在年轻人身上。

神经性耳聋是指神经无法把信号传递到大脑导致的耳聋，也就是内耳出了问题。这种情况通常是毛细胞或者是通往大脑的神经功能衰退引起的，比传导性耳聋更为严重。目前，几乎没有什么医学手段能恢复毛细胞或听觉神经的功能。

要区分是传导性耳聋还是神经性耳聋，可以将一把振动的音叉抵在头部。传导性耳聋的人内耳仍然可以正常工作，因此音叉的振动可以通过骨头传导。头骨会跟着音叉振动，让外淋巴液跟着振动，在耳蜗中激起一阵波，被毛细胞检测到。

有一类神经性耳聋叫作老年性耳聋，是指人在衰老的过程中逐渐失去对高频声音的听力。有一部分老年性耳聋是正常的，但长期曝露在高分贝噪声下会加剧这一过程。之前提到，人类能听到的声音频率范围一般是20~15000 Hz，但老年人听不到接近15000 Hz的声音。我曾经在课堂上用频率发生器做过一个实验：播放一个声音，让学生们把手举起来，然后我会逐渐提高声音的频率，让学生在听不到声音以后把手放下。由于我的年纪比班里的大多数学生都大，我发现，在我自己已经听不到任何声音的时候，下面大多数手还举着。

我们在变老的过程中听力会下降，原因之一来自一块叫作鼓膜张肌的肌肉。它与鼓膜内侧相连，负责让鼓膜保持圆锥形。随着我们年龄的增长，这块肌肉会逐渐变弱，因此鼓

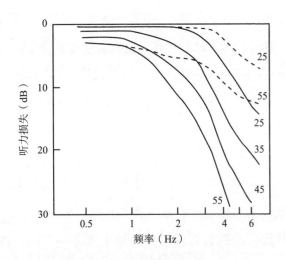

图21　不同年龄段的人的听力损失与频率的关系曲线。
实线表示男性，虚线表示女性

膜和卵圆窗之间的连接效率也降低了。这会导致耳朵对高频声音的敏感度下降（见图21）。年龄相同的情况下，男性的听力损失比女性更严重。不过，你不必担心老了以后高频听力的下降会影响听音乐，因为大部分听力损失发生在5000 Hz以上的频段，而音乐很少超过5000 Hz。

第3章　和谐的气氛：运动的波

有一次听音乐会，我的座位在一个巨大的柱子后面。不用说，我很生气，柱子阻挡了我的视线，舞台上有很大一块地方我都看不到，而我真正担心的还是声音。柱子会影响我听到的声音效果吗？我们在这一章里就会讨论这类话题。在前两章中，我们讨论了声音的诸多属性，并从声音延伸到音乐。具体而言，我们发现声音是一种纵波，它有特定的波长和频率，我们还讨论了测量声音响度的方法。在这一章中，我们将讨论声音的其他几种性质，包括反射、传播、衍射和干涉。如果你是第一次看到这些术语，不用担心，我在讲到它们的时候会给出它们的定义。

荷兰物理学家克里斯蒂安·惠更斯（Christian Huygens）对我们理解波做出了几项最重要的贡献。虽然他的研究兴趣主要在于光波而非声波，但他得出的结果同样适用于声波。此前，牛顿提出，光由粒子构成，他把这些粒子叫作微粒。

然而，惠更斯并不确定牛顿的理论是否正确，他提出了光的波动说，认为光是一种波。不过，当时人们对惠更斯的假说兴趣寥寥，因为它看上去似乎与自然相矛盾。水波和声波看起来好像会绕过障碍物，可没有任何迹象表明光波也是如此。虽然惠更斯在职业生涯后期一直致力于证明光是一种波，但他一无所获。直到100年后，关于波动说的证明才姗姗来迟，这要归功于英国物理学家托马斯·杨（Thomas Young）的一系列巧妙的实验。虽然惠更斯未能证明自己的假说，但他给我们留下了一条原理，对所有类型的波都有重要意义，包括声波。这条原理就是惠更斯原理，表述如下：波前上的每一点都可以作为一个新的波源。换句话说，波上的每一点都可以产生新的子波。在本章的后面，我们会看到这条原理的重要性。

好的行为：界面上的波

我们先来讨论一下当波接触到边界的时候会发生什么。如果我们知道波会怎么样，自然也就知道了声音会怎么样。为简单起见，我们先讨论只有一个脉冲的情况，之前说过，波也就是一系列脉冲一个接一个地出现而已。在第1章中，我们考虑过一端拴在固定的桩子上的绳子。我们先把绳子拉紧，然后上下晃动手持的一端产生脉冲，这个脉冲将沿着绳子一直传向桩子。现在，我们感兴趣的是，脉冲到达桩子的位置时会发生什么。

假设我们一直看着脉冲沿着绳子传播。当它冲向边界的时候，我们看到它被反射了回来，形成一个往回传播的脉冲。仔细观察一下，会发现它倒过来了：朝向桩子运动的是个波峰，回来的则变成了波谷，见图22（a）。同样，如果你制造出来的是个波谷，反射回来的就是波峰。仔细分析绳子在界面处发生的过程就可以理解这个现象，不过我们首先需要介绍牛顿第三运动定律。这条定律告诉我们，每个作用力都有个对应的反作用力。换句话说，如果你推了一个东西，这个东西同样也会反过来推你。举个例子，当你拿着花园里浇水用的水管，打开水龙头在水流出的同时，你的手也会感受到一个反作用力。

回到我们的绳子上，当绳上的脉冲到达界面的时候，脉冲会把自身的能量传给桩子，但桩子是固定不动的，因此大部分能量被反射了回来。桩子对绳子产生了一个反方向的作用力，因此，波峰反射回来变成了波谷。此外，入射波和反射波的振幅几乎相同。（鉴于波碰到桩子的时候损失了一些能量，反射波的振幅可能会略微小一点点，但一般来说损失的这部分只占总能量的一小部分，我们可以忽略它。）

当然，我们可以从单个脉冲延伸到两个乃至更多脉冲的情况。实际上，如果周期性地上下晃动绳子，就能形成一系列分布均匀的脉冲，也就是一列波，见图 22（b）。在实际情况下，反射波会与入射波发生反应，但我们把它留到后文中讨论。

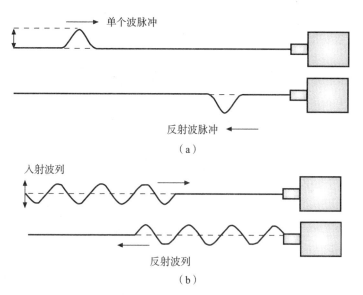

单个波脉冲

反射波脉冲

（a）

入射波列

反射波列

（b）

图 22　沿着绳子传播的脉冲。（a）沿着一头被固定的绳子传播的脉冲，反射波的波形上下发生了颠倒；（b）沿着同一条绳子传播的几个连续的脉冲，颠倒的反射波见下方

　　另一种值得讨论的情况是绳子的一端松松垮垮地拴在桩子上的情况，比如用一个绳圈套在桩子上，这样绳子与桩子并没有完全紧密地连在一起。由于连接并非完全紧密，适用于前一种情况的作用力与反作用力定律就不再成立了。在这种情况下，反射脉冲的性质与入射脉冲相同。换句话说，如果入射脉冲是个波峰，反射回来的也是一个波峰。

现在，我们把在绳子上得到的结果应用到声音上。虽然绳子上的波是横波，而声音是纵波，但结果是一样的。主要区别在于，我们现在处理的不是波峰波谷，而是密部与疏部。可以想象声波沿着一根一端封闭的管子传播（见图23），一端封闭的管子与一端被固定的绳子情况类似，反射回来的波跟入射波相反，密部变成了疏部。而另一方面，如果管子的尽头不是封闭的，而是开放的，情况就类似于另一头被松垮地拴着的绳子，反射回来的波是一样的，而非相反。

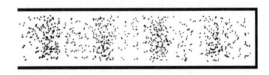

图23　进入一端封闭的管子的纵波

进入未知世界：另一种介质中的波

现在来考虑波进入另一种介质中的情况。对声音来说，从一种介质进入另一种介质的情况不如我们之后会讨论的其他效应重要，但它确实对声学会产生一些影响，我们之后也会看到。要理解这个过程，最好的方法还是考虑沿着一条绳子传播的单个脉冲，只不过这一次，我们要把原本的绳子和另一条更粗的绳子系在一起，这样就相当于一个脉冲从较为稀薄的介质中传向另一种更为致密的介质中。

我们同样通过晃动绳子的方式产生这个脉冲，并观察它沿着绳子传播的情况。这个脉冲到达更粗的绳子（即更致密的介质）上时，它的一部分会被反射回去，而另一部分会透射到更粗的绳子上。反射回去的脉冲与入射脉冲方向相反，而透射脉冲的振幅方向则与入射脉冲相同（见图 24）。透射脉冲的振幅和波长都要小于入射脉冲，而且由于介质更为致密，它传播的速度也更慢。此外，反射脉冲的速度和波长则与入射脉冲相同。如果第一段绳子比第二段更粗，也会发生类似的现象，但这次反射脉冲的振幅方向与入射脉冲相同（也就是说，如果入射的是波峰，反射回来的仍是波峰），透射脉冲的波长比反射脉冲更长，传播速度也更快。

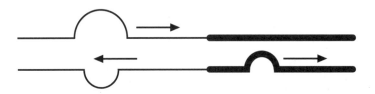

图 24 从细绳子（稀薄的介质）向粗绳子（致密的介质）传播的脉冲

这个结果对于声阻抗至关重要。此前，我们讨论过阻抗匹配的概念，并且提到它在波从一种介质传播到另一种介质中的过程非常重要。具体来讲，两种介质的阻抗应该越接近越好。小阻抗与大阻抗相连的情况，就如一条细绳子与粗绳子相连，见图 25（a），在这种情况下，大部分能量会被反射回去，只有一小部分能量能够透射过去。此外，透射波的振幅和波长也会改变。从粗绳子传向细绳子的波也会遇到类似的问题：反射波的大部分能量会被反射掉。要做到阻抗匹配，我们需要让界面两侧绳子的粗细相同（或者说两侧的介质密度相同），在这种情况下，所有能量（或者至少大部分能量）都能透射过去。

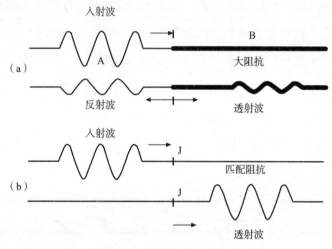

图25　阻抗匹配的简单图示。
（a）入射波遇到很大的阻抗；（b）入射波遇到匹配的阻抗

　　阻抗匹配在音乐的很多方面都很重要，尤其是在乐器方面。以小提琴为例，如果只有弦在振动，没有琴身，那能听到的音量就很有限。由于琴弦的表面积小，它们无法让很多空气分子跟着振动起来。要放大琴声，我们需要用琴马让琴弦与更大的木质琴身相连，琴身与空气的阻抗更加匹配。简而言之，琴弦的振动带动琴身振动，而琴身的振动则进一步引起周围大量的空气分子的振动。钢琴也一样，如果没有音板，我们很难听到琴弦的振动。用来提供阻抗的部件通常称为阻抗匹配转换器。

回声：波的反射

我们都去过山谷或者空荡荡的大房间，在这种地方能听到自己的回声。你有没有试过在峡谷里喊一声，然后数有几次回声传回来？我干过，而且干过很多次。这种回声，自然来源于声波的反射。观察波在表面反射过程最好的方法之一，就是使用水波槽。水波槽是一种底用玻璃做的大水槽，往水的表面照一束光，可以看到水波的形状。你会看到一系列亮暗交替的区域，暗的区域就是波谷，亮的区域就是波峰。对水槽中的水施加一个扰动，就会看到水波开始移动，也很容易观察到它们遇到各种物体时的反应。

我们先来制造一道直线波，这种波可以用直边的物体产生，比如一把尺子。如果把尺子跟水上的振荡器固定在一起，用尺子击打水面，就会有一道直线波产生并远离尺子，波峰和波谷清晰可见。如果我们在水槽中放置一个与波面成一定角度的障碍，就可以看到波被反射的情景了。我们会看到，反射波与法线（即与障碍垂直的那条线）的夹角（反射角）等于入射波与法线的夹角（入射角）。这就是波的反射定律的结果，当然，这条定律对声波也成立。反射定律告诉我们，波在碰到障碍物发生反射的时候，入射角 θ_i 永远等于反射角 θ_r（见图26）。

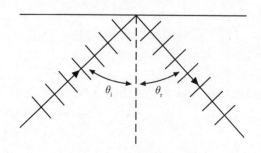

图26　波从表面反射的现象。入射角 θ_i 等于反射角 θ_r

但是，声波并不总是被平坦的表面反射，有时它们会被弯曲的表面反射。考虑球体的内表面（见图27），声波被这样的表面反射之后会发生什么呢？我们也可以用水波槽来做个实验看看。在实验中，我们会看到反射的波交缠在一起。由于实验现象看起来比较混乱，我们最好把目光放在声波的传播"射线"上，而非它的波面。射线在图中以垂直于波面的箭头表示。可以看到，被球体内表面反射的射线都汇聚在同一区域，但并没有相交于同一点。你可能对光的类似现象比较熟悉：球面镜并不会把光都反射到同一点。同样，球状表面也不会把声音都汇聚到同一点，只有抛物面的表面能做到这一点。如果表面是抛物面，被反射的声波都会经过同一个点，这个点称为焦点。这会带来一个跟声音有关的有趣现象：

如果你恰好站在一个大型抛物面反射器的焦点处，会清晰地听到非常遥远的声音，而离开焦点，你就什么都听不到了。

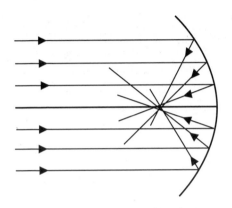

图27　被球形曲面反射的波

难以想象我能听到这些声音：波的折射

与声波有关的另一个重要现象是折射。折射基本来说就是声波的"弯折"。如果你曾在晚上泛舟湖面，可能就见到过这个现象。你会听到岸上人的说话声，虽然湖岸离你很远。你知道，如果是在白天肯定不可能听到他们说话，但为什么晚上就可以呢？因为晚上，湖面的暖空气会向上升，因此湖面上空形成一层暖空气，而靠近水面的空气则是冷的。岸上人说话产生的声波在向外传播时，会向斜上方传播，声波在温度高的空气里传播的速度更快，这导致声波发生弯折，刚好朝向你，让你更清楚地听到了这些声音（见图28）。白天，暖空气更接近湖面，冷空气则在高空中，这导致声音向相反方向弯折，也就是远离你的方向。

图28 声波在大气中不同高度的空气层之间折射

因此，当声波穿过两种不同的介质，并且它在这两种介质中的传播速度不同，这一列波就会发生弯曲。声音的折射大多发生在温度有差异的时候。同样的情况也适用于光，当光射入玻璃的时候，由于在玻璃中传播的速度比在空气中慢，光也会发生弯折，即折射。

怎么做到的？波的衍射

波在遇到障碍或是拐角的时候也会发生弯曲。虽然"波会绕过障碍"听起来有些不可思议，但其实我们每天都会遇到这种现象。如果有人在另一个房间叫你，房门正好敞开着，你也能听到他的声音，哪怕你看不到他。这是因为声音在门边发生弯曲，穿过了门。（当然，也有一部分声音来自你房间墙壁的反射。）

　　要想观察水的衍射，最佳的工具之一也是水波槽。这一次，我们在障碍物上挖一个小孔，小孔的直径小于水波波长，水波为平面波。我们会看到，水波到达障碍物的时候，有一道波从小孔处散发出来，并扩散到各个方向，如图29所示。小孔附近的障碍物后方出现了波，也就是说它在小孔周围发生弯曲了。

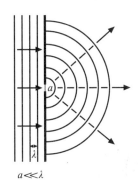

$a \ll \lambda$

图 29　波在穿过带小孔的障碍物时发生了衍射现象。
小孔的直径（a）显著小于波的波长（λ）

　　这就是衍射现象，它也是惠更斯原理带来的结果。光会产生同样的现象，但要想让光发生衍射，小孔的直径必须小很多，因为光的波长远小于声波的波长。

这就解释了为什么你开着门能听到隔壁的声音。如果改变声音的频率，你会发现，有些频率的声音听得格外清楚。如果波长比门洞大，衍射效应就比较强，更容易听到声音。假设门洞宽0.8米，对应于这个波长的频率就是$f = v/\lambda = 344/0.8 = 430$ Hz，音高大概相当于中央C所在的那个八度的A。也就是说，波长略低于这个A的声音最容易拐进这个门洞，波长更短的声音没这么容易发生衍射，因此也没这么容易被听到。

简而言之，衍射理论表明，如果孔的宽度a小于声音的波长，衍射的效应就十分明显，声音可以分布在障碍物背后的大部分区域；如果a与波长大致相当，衍射幅度也很大，但障碍物后的大部分声音强度会集中在向前的方向上（见图30）；而如果a远大于波长，衍射几乎不存在。

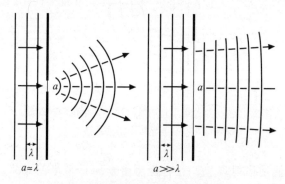

图30　透过直径较大的孔的衍射现象

衍射现象也会发生在声音传播路线上有障碍物的情况

下。同样，衍射的程度依赖于障碍物的尺寸与声波波长的关系。如此前所说，在波长显著大于障碍物尺寸的情况下（即 $a \ll \lambda$），声音可以轻松绕过障碍物。因此，在音乐厅里，挡在我面前的柱子对大部分频率的声音并不会产生影响。衍射的这方面特性对建造隔音的房间非常重要。如果门洞开得很小，反而容易让外界的声音在整个房间里回响，而这是我们要尽力避免的。

我们还可以从另一个角度来看待衍射，就是与光做比较。众所周知，如果你用一束光来照向尺寸比光的波长小的物体，你是看不到这个物体的。与此类似，声波也探测不到尺寸比它的波长小得多的物体。

混合的魔法：波的干涉

如果把波叠加起来，会发生什么？获取答案最简单的方法是使用绳子。假设我们在绳子上产生两个方向相反的脉冲，它们振幅相同，而且都是波峰。当这两个波峰相遇的时候会发生干涉，准确来讲是相长干涉：假设两个波峰的振幅各自都是1，它们在相遇的时候（也就是完全重合的时候）会产生一个振幅为2的波峰。两个波谷相遇的时候也会发生类似的情况。不过，这个新的、更大的波峰（或波谷）并不会持续很久，两道波穿过彼此之后，又会以它们原本的速度和波长，朝它们原先的方向继续行进。

现在，仍然考虑两个振幅相同的脉冲相向行进，但这次换成了一个是波峰，一个是波谷。它们在相遇的时候会相互抵消，这就是相消干涉。如果两者的振幅匹配，在相遇处绳子就不再运动（也就是没有脉冲），但过了这一点之后，两道脉冲又继续行进下去。

不过，两个脉冲不用非得振幅相等才能形成相长干涉或者相消干涉。如果一个振幅为2的波峰遇上一个振幅为1的波谷，干涉就会形成一个振幅为1的波峰。本质上，我们只是运用叠加原理来计算产生的结果会是什么样，叠加原理表述如下：

> 两道波干涉时，任何一个位置的最终位移，等于该位置两道波各自位移的代数和。

我们可以把这个原理用在两道波相互作用的任意时刻。假设有一道振幅为3个单位的波向右运行，另有一道振幅为2个单位的波向左运行，当两道波相遇时，运用叠加原理，我们就能推断出叠加产生的波是何形状。当两道波相位完全重合时，我们就会得到图31所示的形状。运用叠加原理，我们发现，它们会叠加成一道振幅为5个单位的波。要得到新波具体的形状，我们在沿途的每个点都要运用叠加原理。

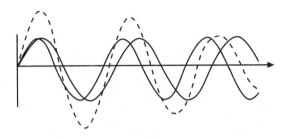

图31　两道波的叠加

　　要把干涉和叠加原理用在声音上，我们面对的就不是波峰和波谷，而是密部和疏部，但原理是一样的。相长和相消干涉也会出现，叠加原理与横波的情况一样。比方说，假设两个位移都为1个单位的密部相遇，它们就会组成一个位移为2个单位的密部；而位移相等的密部和疏部相遇会互相抵消，就没有声音了。

　　我们可以把以上讨论轻易扩展到二维的情况，最直观的例子就是水波槽。如果一个尖锐物体扰动了水面，就会有水波围绕着扰动点产生并向外荡开，半径变得越来越大，波峰和波谷清晰可见。而如果两个距离很近的尖锐物体同时扰动水面，两个尖端都会产生一系列环状波纹，一边向外传播，一边互相干涉。在某些点处会发生相长干涉，在另一些点处则会发生相消干涉。我们会看到如图32所示的图样。

　　要用声音产生同样的现象，一个绝妙的方法是将两个喇叭S_1和S_2，安装在一个盒子的表面，放在一段距离之外（见图33）。我们假设它们播放出同一个频率的声音信号。声波

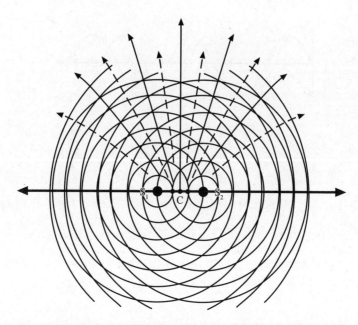

图32　在水波槽中，两个距离很近的扰动点产生的水波图案。虚线表示两道波相位相反、相互抵消的区域，实线表示两道波相位相同、相互叠加的区域

会以球面波的形式向外传播，和水波槽的情况一样，它们会互相干涉。在某些地方，密部会与密部叠加，疏部会与疏部叠加，这些地方的声音就最大；而在另一些地方，密部和疏部互相叠加抵消，这些地方就一点声音都听不到。这意味着，如果你沿着图中的"聆听路线"走过去，在某些点会听到很响的声音，在另外一些点则完全听不到声音。（当然，我们要假设没有声音通过墙壁的反射到达你的耳朵。）

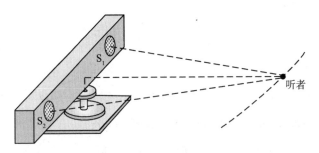

图33　声波从两个分开的声源传向听者

后面我们会看到，在音乐中某些特定声音的叠加会更为悦耳。考虑一件乐器发出的两个音，其中一个音的频率是另一个的两倍（假设它们都是纯音），这两个音的关系称为"八度"，它们叠加的结果见图34。我们会看到，叠加而成的波形有一种重复出现的规律模式。这个叠加起来的声音听起来很

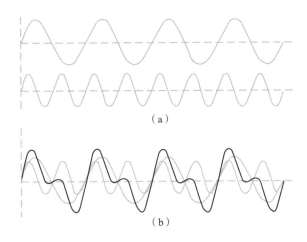

（a）

（b）

图34　两个音的叠加。（a）两个相差八度的音的波形，一个音的频率是另一个音的两倍；（b）两个音叠加产生的波形

悦耳，我们认为它是有音乐性的。同样，如果两个频率比为3∶2的声音叠加在一起，也会产生类似的规律模式，听起来也很悦耳，这样的关系称为"五度"，它也是音乐中一个至关重要的音程。此外，如果我们把两个频率没有清晰数学关系的声音叠加在一起，就不会形成规律的波形，声音听起来也不再悦耳，我们把这样的声音称为"噪声"。

如果两个频率非常接近、只有细微差异的音一起播放，我们就会听到所谓的"拍音"。当两个乐器奏出同一个音，但其中一个乐器奏出的音稍稍有点不准的时候，就会出现这种现象。演示这一点的好方法是取两把相同频率的音叉，在其中一把的尖头上松松地套一圈橡皮筋，它会略微改变声音的频率。如果同时敲响这两把音叉，你听到的它们发出的声音强度周期性地增强减弱，简而言之就是产生了拍音。由于这两道声波的频率稍有不同，它们到达你的耳朵时就会时而相位一致，时而相位不一致，以此类推（见图35）。拍频（也就是声音增强或减弱的频率）等于两把音叉的频率之差，即$f_{BF} = f_1 - f_2$，而混合而成的声音的总体频率则为$f = (f_1 + f_2) / 2$。

给钢琴调音的调音师经常会用到拍音。他们会按下钢琴上一个键，然后敲击同样频率的音叉，如果可以听出拍音，就说明钢琴音略微不准。然后，调音师就会上紧或者放松钢琴的琴弦。

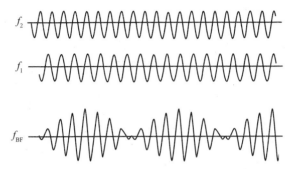

图 35　"拍音"来自两个频率相近但不完全相等的声音，
BF 指拍频（Beat Frequency）

不动的声音：驻波

我们在前面看到，一道波在遇到固定障碍物被反射回去之后，会与入射波发生干涉，反射波和入射波会发生叠加。在大多数情况下，入射波和反射波叠加会形成杂乱无章、没有周期性的波形。如果把它放在各种无规则的波形中间，可能很难辨认出它是入射波和反射波叠加形成的。不过，你可以用入射波和反射波叠加出一个很规律的形状。还是考虑一端被系在固定物体上的绳子。如果以特定的频率、特定的方式晃动绳子的一端，就能得到一道驻波。在这种情况下，波上的一些点似乎固定不动，被称为波节。在波节之间，绳子的位移会发生改变，但改变的方式很规律：它会来回振荡。

要想产生这种波，需要完美的时机：必须让一个波峰从远端开始反射回来的一瞬间制造出一个波峰，这样才会每个时刻都有完整的波往右和往左运动。这两道波在有的地方发生相长干涉，在有的地方发生相消干涉，在相消干涉的地方就会产生无位移的点，这些点在绳上周期性分布，形成波节，通常用N来表示。而在相长干涉的地方，绳子的位移会特别大，这些位置位于相邻波节的正中间，通常称为波腹（AN），见图36。

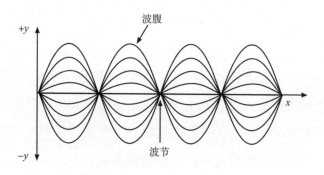

图36　驻波的图示，图中画出了波节（N）和波腹（AN）

波腹处的绳子一直在运动，在最大的正向位移和负向位移间来回振荡。在图中可以明显看出，驻波的每一段长度（L）是半个波长，也就是$L = \lambda/2$。我们在后面会看到，驻波对于乐器的发声至关重要。

多普勒效应

与声波有关的另一个有趣的现象是多普勒效应，得名于奥地利物理学家克里斯蒂安·多普勒（Christian Doppler）。他是首个正确解释该现象并得出公式的人。你应该经常见到一辆汽车或者火车向你开来的场景，如果汽车一边向你开来一边鸣笛，你会发现在车子从你身边经过时，鸣笛声的音高会明显改变。多普勒的解释是，如果一个声源在靠近你，它发出的声波会被挤压到一起，因此波长就会比静止的情况下短（也就是频率更高）；而如果声源远离你运动，波长会被拉伸，因此音高会降低（见图37）。

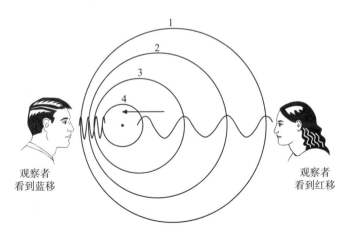

图37 多普勒效应的简单图示。
图中描述的是光的情况，但该效应同样适用于声音

多普勒在1842年得出了描述该效应的数学关系式。他还发现，这一效应在波源移动（观察者静止）和观察者移动（波源静止）时都会发生。多普勒提出解释的几年后，有人利用拉着平台货车的火车做了实验。小号手站在平台货车上演奏，而音乐家们则站在铁轨旁聆听。在火车经过的时候，音乐家们听到小号手奏出的音高发生了变化。多普勒效应被证实了。

第二部分

音乐的基本组分

第4章　是什么让音乐如此优美：
复杂的乐音

　　你在听音乐录音或者欣赏音乐会现场的时候，有没有想过，是什么让音乐如此吸引人？当然，这个问题有很多种不同的回答。音乐或许唤起了你过去的回忆，或许让你浑身温暖，或许让你置身于太空之中（至少给你带来了这样的感觉），或许它就是悦耳动听而已。不管你得到的结论是什么，音乐无疑给你带来了美好的感觉。所以我们可能就要问了，是什么赋予了它这种能力？当然，旋律和节奏都很重要，但还有一些你可能没有注意到的因素。和声的"丰富"和复杂，也增加了我们的愉悦感。当你在钢琴或是其他乐器上奏响一个音符时，你以为它发出的只是一个音高，或者单一的频率，但其实并非如此。在奏响这一个音的时候，有多个不同的频率冲击着你的耳膜。当然，来自整个交响乐团的声音就更加复杂了。在本章，我们就会探讨乐音的这种复杂性，以及它如何让音乐更具感染力。

"看见"音乐

如果你听到不同乐器（比如小提琴、钢琴或者单簧管等）发出同一个音高，比如中央C，你可以轻易分辨出它们各自来自什么乐器。所有这些音都以同一个频率（256 Hz）振动，但哪怕它们的响度也一样，听起来也不一样，我们都能轻易分辨出来。如果它们听起来不一样，我们就得想办法看看差异在哪儿。这种办法还真有。我们需要一种直接"观察"声音的方式，这样才能"看见"音乐，要做到这一点，只需要一个麦克风和一个示波器就可以了。这两种设备都比较复杂，所以在这里我不会详细解释它们的运作机制，只会简述一下。在这本书的后半部分，我会更详细地讨论它们。

麦克风中最主要的构件是一对带电荷的金属膜。外侧的金属膜称为振膜，它很薄，因此空气压力波（比如你说话产生的声波）触及它时，它也会跟着振动。这种振动形成微小的电流，它在外部回路中流动，其大小正比于振膜振动的幅度。因此，这个电流就"编码"了声波的振动。总的效果就是，振动的信号被转换为对应的电信号。

我们将麦克风连接到示波器，电信号就进入了示波器。如果你不知道示波器是什么，看看你家的起居室或者卧室就能找到它了：你家电视的核心部件就是一台示波器。在电视里，一束光以每秒钟几千次的频率扫描整个屏幕，每次扫描屏幕的时候图像都会有细微的变化。这束光让屏幕以特定的强度发光，由于屏幕每个点的光强都在持续变化，我们能看到会动的图像。

同样，来自麦克风的振动电流也到达了示波器中的两块金属板（见图 38）。一束带电粒子穿过两块金属板之间的区域，受金属板上电荷的影响发生偏移。换句话说，它会随着振动电流的变化而变化。最后，跟电视机一样，这束带电粒子会以每秒钟几百次的频率高速扫过屏幕，直至覆盖整块屏幕。

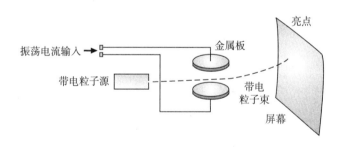

图 38　示波器的简明图示

我们在屏幕上看到的就是冲击麦克风的声波的"图像"。如果声音是纯音，如音叉发出的声音，图像就会是一道完美的正弦波，可以在屏幕上测量出它的频率和波长。如果声音是乐器发出的声音，屏幕上的图像很明显就不同了。现在我们可以回答上面的问题了：为什么小提琴、钢琴和单簧管奏出的中央C听起来不一样呢？仔细看看几种乐器发出的波形，我们会看到，这几种波的频率都是256 Hz，且响度也相同（也就是波的振幅相同，它是响度的量度），但除此之外，它们的波形相差很大，见图39。

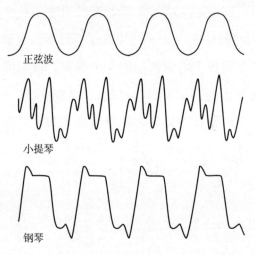

图39　信号发生器、小提琴和钢琴发出的同一个音的波形差别

音色：声音的品质

这些波形让我们回想起此前将两道不同频率的正弦波叠加得到的图像，其中一道波的频率是另一道的两倍。如果我们把一道波与多个频率是它整数倍的波叠加在一起，波形看起来就会越来越复杂，但仍然是周期性的。因此，我们可以

得出结论：来自乐器的乐音（如中央 C），是由好几道不同频率的波组成的。实际上，这些频率在数值上有特定的关系，它们都是第一道波频率的整数倍。这就是为什么不同乐器发出的同一个音听起来也不相同。它们整体的频率都一样，但叠加在上面的其他频率不一样。基础的那个音我们称为基音（基波），叠加在上面的这些波，我们称为泛音，也称分音。

　　实际情况下，泛音的频率既可能是基音的整数倍，也可以是非整数倍。如果泛音频率是基音的整数倍（如图 40 所示），我们称它们为和谐泛音，否则称其非和谐泛音。只有钹和钟有非和谐泛音，因此我们会将绝大多数篇幅用来讨论和谐泛音。

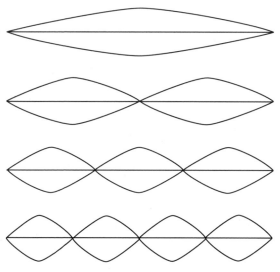

图 40　基音及泛音，最上方的是基音

不同乐器奏出的声音波形间的差异表示不同的音色，也就是声音的品质。其实你每天都在跟音色打交道，哪怕你自己意识不到。人类的声音也是由多种多样的泛音组成的，因此，每个人的声音都是独一无二的。这就是为什么你能准确分辨出电话另一端的声音是谁发出的，哪怕你看不到在讲话的人。

虽然音色（品质）主要是由泛音产生的，但其他因素也会造成音色的差别。比方说，想象一根小提琴弦，你去弹拨它，和用弓去拉它，得到的声音肯定是不一样的。我们管这种音色的差异叫作声音"发生"（attack）的差异。此外，声音的衰减也很重要，也就是声音要花多久才会渐渐消失不见。

复杂的乐音：分析音乐

虽然音乐中的一个音符包含了很多不同频率的声音，但在分析过程中我们可以把它们分解为不同的纯音，也就是单一频率。如今，有了现代电子设备的帮助，这一过程变得很容易。与之相反的过程在音乐中也很重要，也就是把不同的频率合成起来，形成复杂的声音，这个过程称为合成，通常使用所谓的"合成器"来完成。

我们先来讨论一下合成器。你可能首先会想到这样一个问题：是不是只要叠加足够多的谐波，就能形成任意波形的波？答案是肯定的。证明这一命题的人是一位名叫让‐巴蒂斯特·傅里叶（Jean-Baptiste Fourier）的法国人。没有多少迹象表明傅里叶对音乐有兴趣，他甚至对声音也没有什么兴趣，他重要的贡献集中在关于热量的理论上。不过，他在研究热量理论的时候发现了一条定理，如今我们称为傅里叶定理，适用于所有的波，而既然声音和音乐属于波，它们自然也符合傅里叶定理。

傅里叶定理可以表述如下：

任何频率为 f 的周期性振荡曲线都可以被分解（分析）为一系列频率依次为 f，$2f$，$3f$，……的简谐曲线，它们各有各的振幅。

对声音而言，这些分解而成的"简谐曲线"，也就是波，就是它们的谐波。前面说过，我们把第一道波称为基音，频率更高的称为泛音。这意味着，假设基音的频率是 200 Hz，二次谐波的频率就是 400 Hz，三次谐波的频率是 600 Hz，以此类推。所有这些频率都同时在发声，也就是说，音乐家在演奏一个音的时候，其实同时在演奏多个频率的声音。此外，如果两名音乐家（如两名小提琴家）同时演奏同一个音，这两个音也不会完全相同，哪怕两把小提琴的音准完全一致。这是因为，没有两把乐器的结构是完全一样的，也没有两名音乐家的演奏方式完全相同。实际上，两名音乐家演奏出来的音在二次、三次乃至更高的谐波上就会出现拍音。不过，这些拍音并不会减损声音的美感。整个现象被称为"合唱效应"，它增加了声音的丰富度。

和声谱

要想展示有哪些泛音存在，以及它们的振幅分别有多大，最好的方式就是使用条形图。其横轴是频率，纵轴是强度，也就是振幅。不过由于音高是分立的，图像看起来就像是一系列竖线。通常基音的强度被设定为1.0，泛音的强度是相较于它的相对值。纯音的频谱图如图41所示，但大多数乐器的频谱图相对复杂一些，如图42所示。

图41　纯音的频率条形图（频谱）

这些图为我们提供了一种"看见"音符的绝佳方法，我们可以一下子看到有哪些泛音，它们各自的强度。不仅不同乐器的频谱不同，同一乐器在不同音高处的频谱也不同（比方说，C音的频谱就不同于F音的频谱）。

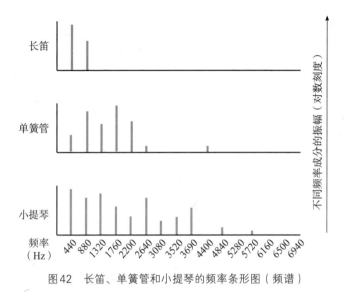

图42 长笛、单簧管和小提琴的频率条形图（频谱）

共振峰

　　既然每种乐器都有自己独特的谐波频谱，有人可能会认为一种乐器的频谱总是相同的，但事实并非如此。除了乐器本身的谐波频谱之外，还有其他几个因素可以表征一种乐器，其中最重要的就是与响度有关的谐波结构。更响的声音通常包含的高频谐波也更多。此外，音乐家演奏的方式也会影响声音的频谱，每个演奏家演奏的方式都有细微的不同。我们在前面看到，声音的产生和衰减也会影响频谱。因此，在乐器的谐波频谱之外，有必要引入共振峰的概念。乐音的共振峰指的是声音的大多数能量所集中的频率区域（见图43）。你可能会认为该区域包含的频率一定都在基频附近，但并不一定如此。很多情况下，高频谐波的响度比基音还大，它们决定了乐器的音色。

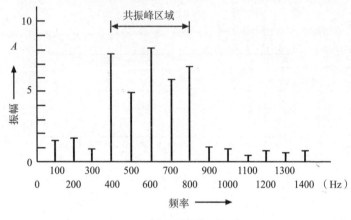

图43　共振峰区域的条形图

拉伸琴弦的振动模式

琴弦在振动的时候，它的基波和所有谐波都在一同振动。这看起来好像很难做到，它们怎么能同时以多种方式振动呢？既然小提琴、吉他、钢琴等好几种典型的乐器都以振动的琴弦为发声单元，那么我们有必要来探讨一下拉伸琴弦的多种振动模式。

考虑一根特定长度的琴弦，在以自己的共振频率（即自然频率）振动，每个自然频率都会产生自己的特征振动模式，即驻波模式。我们要探讨的就是这类驻波模式。

我们先把弦的两端固定住，如图44所示。弦的两端不能动，因此这两端就是波节。在这两个波节之间，有一个或多个波腹。如果只有一个波腹，那这道波就是基波，也被称为一次谐波，这道波的波长最长，其波长为两个波节之间长度的两倍（见图45）。

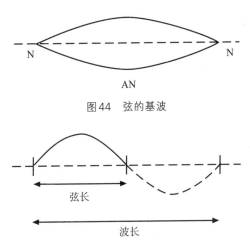

图44　弦的基波

图45　可以注意到，基波的波长是弦长的两倍

而二次谐波，也就是第一泛音，是指在弦正中间有一个波节的情况。在这种情况下，弦上会有3个波节和2个波腹（见图46）。从图中可以看到，两端的波节之间刚好有一个波长，因此波长（λ）等于弦长（L）。而三次谐波，也就是第二泛音，则要再加一个波节，因此会有4个波节和3个波腹（见图47）。

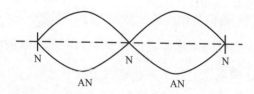

图46　第一泛音（二次谐波）包含一个波长，有3个波节和2个波腹

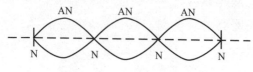

图47　第二泛音（三次谐波）

更高次谐波的波长也可以通过类似的计算方法得出。对于三次谐波，整条弦包含了1.5个波，也就是说弦长等于3/2个波长。这样一来，我们就能看到规律了：每增加一次谐波，就增加半个波长。也就是说，对于基波，$L = \lambda/2$；对于二次谐波，$L = 2\lambda/2 = \lambda$；对于三次谐波，$L = 3\lambda/2$，以此类推。根据这类表达式，我们就可以计算出每道谐波的波长，结果总结在表3中。

表3　弦和管中多种谐波的波节数和波腹数

谐波次数	波长	弦		管		长度与波长的关系
		波节	波腹	波节	波腹	
1	1/2	2	1	1	2	$\lambda = 2L$
2	1	3	2	2	3	$\lambda = L$
3	3/2	4	3	3	4	$\lambda = 2/3L$
4	2	5	4	4	5	$\lambda = 1/2L$
5	5/2	6	5	5	6	$\lambda = 2/5L$

到目前为止，我们还没有说到频率。不过，众所周知，琴弦（如吉他弦）的频率依赖于琴弦的张力和弦的线密度（线密度这个概念表达起来有些复杂，我们这里就不解释它是什么意思了）。这意味着，我们可以通过上紧或者放松琴弦来调整它的频率。假设弦长70厘米，我们把它调到合适的松紧，可以让它发出375 Hz的声音。我们还知道波速（v）、频率（f）和波长（λ）之间存在数学关系，即$v = \lambda f$。而从表3中我们得到$\lambda = 2L/n$，其中n为整数，因此可以计算出波速：

$$f \times \lambda = 375 \times 1.4 = 525 \text{ m/s}$$

但波速仅仅依赖于琴弦的张力和密度，并不依赖波的属性，因此所有波的波速都相同，不管其频率或波长是多少。因此，我们可以计算出通过$v = \lambda_2 f_2$和$\lambda_2 = L$计算出二次谐波的频率：

$$f_2 = \frac{v}{\lambda_2} = \frac{525}{0.7} = 750 \text{ Hz}$$

用同样的方法，可以算出三次谐波的频率是1125 Hz。这么一来，我们就看出规律了：f_2等于$2f_1$，f_3等于$3f_1$，以此类推。换句话说，高次谐波的频率是基波的整数倍，正与我们的预期相符。

还要牢记的是，所有这些谐波都在同时振动，如图48所示。

图48　所有谐波都在同时振动

聆听钢琴上的泛音

假设基波的频率（基频）为f，那么谐波的频率就是nf，其中n为正整数。我们可以用乐谱标记把这条规律表达出来。比方说，A_4（中央C上面的A）这个音的谐波就可以表示为：

每个音的频率都被标了出来，可以看到，它们都是55 Hz的整数倍。

可以在钢琴上演奏这些音，你听到不同的谐波。先缓缓地按下A_4键，并一直按住它，这么做会抬起这个键的制音器[①]，但不会扰动琴弦。现在，找到高一个八度的A_5键，重重地敲击它一下，然后马上松开（钢琴演奏中叫作断奏）。在A_5键的声音消散以后，你会听到A_4键二次谐波的振动。同样，

---

① 制音器是钢琴中与弦紧贴着的、用来阻止弦振动的部件。按下一个键，钢琴内部的琴槌会敲动琴弦，使其发声，松开琴键后，制音器会贴到琴弦上，防止不再弹奏后这个键对应的弦还一直发声。——译者注

敲击一下 E 键，你会听到 A_4 键三次谐波的振动。以此类推，你可以敲击 A、C♯、E 等，听到四次、五次、六次谐波等。

空气柱的振动模式

前面我们看到了弦的振动模式，这在小提琴、吉他和钢琴上很常见，但也有很多乐器是通过空气柱的振动来发声的。例如，长笛、长号、萨克斯、双簧管就是通过两端开口的空气柱振动来发声的；而像单簧管和弱音小号，则是通过一端封闭的空气柱振动来发声的。

要想研究这类乐器的发声原理，可以考虑最简单的模型：一根圆柱形的管子。给管子引入一些扰动（比如沿着管子的一端吹气），就产生了谐波，不同谐波有不同的驻波模式。声波（也就是空气压力波）沿着圆柱形的管子传播，最终会到达管子的一端。但管子的一端起到了边界的作用，因此会对声波产生影响，取决于这一端是封闭的还是开口的。对于不同类型的边界，声波可能会发生反射、部分反射、透射和部分透射。我们会讨论两端开口和一端封闭的管子。只有在一端封闭的时候，反射的波会上下颠倒，类似于一端固定的弦。

实际上，声波体现为管子里气压的密部和疏部，但我们一般会把气压变化绘制成图，因此波看起来就像是横波。不过，我们需要时刻记住它其实是一种压力波。我们先讨论两

端开口的圆柱管。在两端开口的管子里，如果到达一端的是
密部，那么反射回去的也是密部，也就是说，不会上下颠倒。
现在，假设远端发生了这样的反射，我们在近端引入一个疏
部，这个疏部会沿着管子向远处运动，并与反射回来的密部
干涉。在这个例子中，它们会在管子的中央相互抵消，产生
一个波节，这就是基波。半个波长填满了整个管子的长度，
而由于波节和波腹总是交替分布，管子开口的两端就是波腹
（见图49）。假设我们一遍又一遍地在两端引入密部和疏部，
就形成了驻波，开口的两端会在高密度与低密度之间来回变
化，中间的密度则始终恒定。

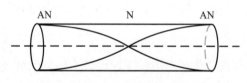

图49　两端开口的管子中的基波

　　与弦的情况一样，管子的二次谐波也比基波多了一个波
节，因此二次谐波有2个波节和3个波腹（见图50）。在这种
情况下，波长等于管子的长度。与此类似，三次谐波的波形
是在此基础上再加一个波节，也就是有3个波节和4个波腹
（见图51），管长等于1.5个波长。通过这种方式，我们可以继
续推算到四次、五次以及更高次数的谐波。表3列出了不同谐
波的波节和波腹数量，波的频率则等于 $f_n = \dfrac{v}{\lambda_n} = nv/2L$。

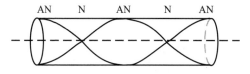

图 50　两端开口的管子中的二次谐波

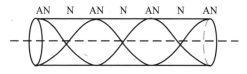

图 51　两端开口的管子中的三次谐波

一端封闭的空气柱

　　我们现在要考虑的是一端封闭、一端开放的管子，代表性的乐器是单簧管。如果声波被引入管子的开口，它会在封闭的一端被反射过来，反射波会上下颠倒。这就意味着，如果开口引入的是密部，反射回来的就会是疏部，并往回运动到开口。在这个过程中，它会与入射波发生干涉。如果我们连续不断地从开口引入声波，就能形成一道驻波。

　　假设我们在反射的疏部到达开口的时候，往管子里引入一个疏部。反射回来的疏部会与新进入的疏部干涉，而由于管长等于四分之一个波长，这两个波会发生相长干涉，产生一个振幅加倍的疏部。实际上，管子的开口位置发生的永远是相长干涉，因此，驻波的开口端永远是波腹，而封闭端永

95

远是波节。也就是说，开口端的空气压力永远会在最大和最小之间来回振荡，而封闭端则永远是平均压力。这样一来，我们就能画出一次谐波的图示，见图52。封闭一端阻止了空气的振动，类似弦固定的一端，而在另一头的开口，空气则可以自由出入管子，让气压来回振动。

对于一次谐波，整根管子刚好容纳了四分之一个波长。对于下一个谐波，我们要再加入一个波节，这也意味着要再加入一个波腹，见图53。在这种情况下，整根管子里容纳了四分之三个波长，也就是一次谐波的波长数目的3倍。因此，这是三次谐波。我们会看到，在这类一端封闭的管子中，没有二次谐波，实际上它只包含奇数次谐波，下一道谐波就是五次谐波了，如图54所示。计算这些谐波波长的公式是：

$$\lambda_n = 4L/n, \quad n = 1, 3, 5, 7\cdots\cdots$$

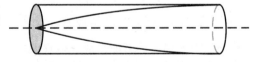

图52　一端封闭、一端开口的管子中的基波

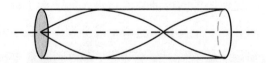

图53　一端封闭、一端开口的管子中的第一泛音（三次谐波）

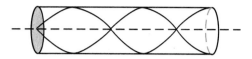

图54 一端封闭、一端开口的管子中的第二泛音（五次谐波）

因此，我们看到，半开口的管子也会产生多重谐波一起振动，但偶数次谐波不存在了。此外，半开口管的基波频率也比同样长度两端开口的管子低一个八度。这些特征都总结在图55当中。

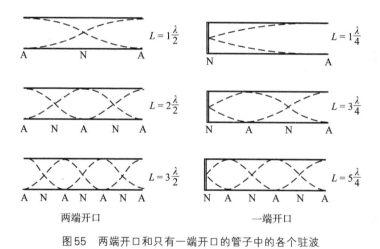

图55 两端开口和只有一端开口的管子中的各个驻波

波形的合成

我们前面看到，一道复杂的波可以被分解成特定数量的纯音，而逆向的过程，即把各个频率的纯音结合成悦耳的乐音的过程则称为合成，通常由合成器来完成。在书的后半部分，我们会详细讨论电子合成器。电子合成器会用到几种不同类型的波，最简单的一种是正弦波，它就是我们到此为止一直在讨论的"纯"波。不过，我们可以用正弦波来制造出电子合成器里常用的其他几种波：方波、锯齿波、三角波，等等。这几种波如图56所示。每种波都可以由正弦波（也即多种电子线路）适当组合而成。

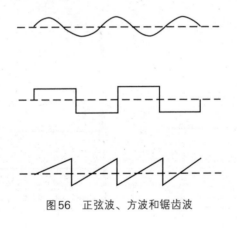

图56　正弦波、方波和锯齿波

第5章　平均律音阶

在引言中我们看到，毕达哥拉斯使用了单弦琴（一个中空的盒子，有一根弦绷在上面）创造出了音阶。盒子上有可以移动的琴马，可以把琴弦分成更小的两部分。他发现，拨响没有琴马的琴弦，和拨响琴马放在琴弦长度三分之一处的琴弦，两个声音放在一起很悦耳。他自己可能没意识到，这两个音之间的关系就是如今我们所说的五度，他利用这种五度关系构建了一种音阶。我们在前面看到，毕达哥拉斯的音阶只有五个音，而之后不久就有人开始试验新的音阶了。在这一章，我们会研究其他几种音阶。

不过在此之前，我们得先回到这两个问题：什么是音阶，它又有什么用。我们可以简单地将音阶定义为一系列不同频率的音符，按顺序演奏出来后听起来悦耳动听。更确切地说，它是一系列频率成整数比关系的音符。但为什么音阶如此重要呢？理由很简单：没有音阶，就不存在音乐（至少不会存在你愿意听的音乐了）。所有音乐都是以音阶为基础。

我们在这一章会看到，音阶有很多不同的种类。几乎所有人都很熟悉钢琴上的大调音阶，也就是歌手们常用的do、re、mi、fa、sol、la、ti、do，但还有很多其他音阶。小调音阶在音乐里也经常出现，还有爵士乐等音乐家常用的五声音阶和布鲁斯音阶。

协和音、不协和音与谐波

音阶的基础是协和（consonance），如果两个音一起发出的时候听起来很悦耳，我们就说它们是协和的。前面提到，毕达哥拉斯等人发现，两个音在形成五度、四度或三度的时候，听起来最和谐。但我们也很容易在钢琴上找到不和谐的两个音。比方说，如果同时按响相邻的两个键，如C和D，我们就会发现它们的声音好像撞在一起，换句话说，它们产生的声响不协和，我们称之为不协和音（dissonance）。简单来说，不协和音就是听起来不悦耳的声音。你可能会觉得，不协和音是我们应当尽量避免的，但事实并非如此：协和音和不协和音在音乐中都扮演着重要的角色。要想认识到这一点，最好的办法就是分析乐谱。不管是古典音乐还是流行音乐的乐谱，在很多方面都和小说有类似之处。在小说中，作者会创造悬念、压力和矛盾冲突，而在接近书的结尾时释放压力、解决冲突，到达一个大团圆的结局——至少大部分小说都是这样的。同样，作曲家在乐谱的中间会用不协和音（或不协和的和弦）创造出压力和紧张气氛，然后再用协和音来解决它们。

在20世纪，各种各样的音乐都变得越发不协和。斯特拉文斯基（Stravinsky）1913年创作出的《春之祭》（*The Rite of Spring*），震惊了许多古典音乐爱好者。这部作品中充斥着震耳欲聋的不协和音和不循常规的节奏，首演之后几乎成为一桩丑闻。很多人憎恶这部作品，有人完全不能理解它，但也有人热烈欢迎它的到来，敬仰斯特拉文斯基的大胆勇敢，认为它代表了音乐新潮流。不过，毋庸置疑，《春之祭》动摇了音乐世界的根基。如今，不协和音已成爵士乐中的标配，我们在下一章中会看到，爵士乐的中流砥柱就是所谓的高叠和弦，它们通常都是很不协和的，而正是它们赋予了爵士乐独特的魅力。

协和音与不协和音显然与谐波有关，更确切地说，是与谐波谱有关，因此我们现在就来看看它们之间的关联。先考虑五度，我们知道它是音乐中最和谐的音程之一，但为什么五度最和谐呢？要想回答这个问题，我们要看看成五度关系的两个音的谐波谱。先来看第一个音（见图57），它的基频是f_1，泛音的频率分别为$2f_1$，$3f_1$，以此类推。而与它成五度关系的音的谐波谱如图58所示。把两个谐波谱放在一起，我们就得到了如图59所示的波谱。可以马上注意到，有几个音是重合的，而且不重合的音彼此之间的距离也相对较远。不重合的音之间的频率有一定差距是很重要的，因为如果两个音频率过于相近，就会产生拍音，让声音不好听。

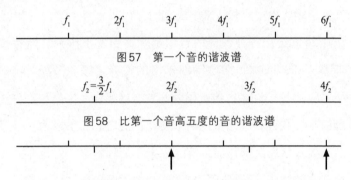

图57 第一个音的谐波谱

图58 比第一个音高五度的音的谐波谱

图59 将两个相差五度的音的谐波谱叠加起来得到的波谱

我们同样还可以分析四度、三度和其他的音程（在钢琴上，五度就是C—G，四度是C—F，三度是C—E）。分析了所有音程之后，把它们按协和度（或者不协和度）排序，就得到了表4，上面的音程更协和，下面的音程更不协和。

表4 从最协和到最不协和的音程

音程	音名（以C大调为例）	
八度	C—C^1	最协和
纯五度	C—G	
纯四度	C—F	
大三度	C—E	
大六度	C—A	
小三度	C—E$^\flat$	
小六度	C—A$^\flat$	
全音	C—D	
半音	C—D$^\flat$	最不协和

五度相生音阶

早先，我们看到毕达哥拉斯通过碰运气的方式，用五度构造出了音阶，这个音阶称为毕达哥拉斯音阶，也称五度相生音阶。在这一部分，我将向你展示，如何用更正规而有逻辑的方法来构造它，不过这个过程中需要用到一些数学知识。分步骤来叙述最为方便，因此我会把这一过程分为 4 个步骤。和毕达哥拉斯一样，我们将会用到五度音程，假设一个音的频率为 f，它上面的五度音的频率就是 f 乘以 3/2，而它下面的五度音的频率就是 f 除以 3/2。我们早先看到，用五度来构造音阶会产生高一个八度或者低一个八度的音，因此我们需要把所有的音都转换到同一个八度内。将频率乘以 2 后这个音将往上移动一个八度，除以 2 则往下移动一个八度。

第一步：从任意一个频率 f 开始，把它依次往上翻五度（为方便起见，假设 $f=1$）。

1	3/2	$(3/2 \times 3/2)$	$(3/2 \times 3/2 \times 3/2)$	$(3/2 \times 3/2 \times 3/2 \times 3/2)$	$(3/2 \times 3/2 \times 3/2 \times 3/2 \times 3/2)$
1	3/2	$(3/2)^2$	$(3/2)^3$	$(3/2)^4$	$(3/2)^5$
1	3/2	9/4	27/8	81/16	243/32

这就是五度序列。为了得到这一序列中每个音对应的实际频率，你需要把原始频率乘以表中最后一行的数字（例如，

在C大调中，原始频率就是C的频率，即261.6 Hz）。

第二步：看着这些数字，我们就会发现它们并不都在同一个八度内。假设用1来代表八度的开始，那么比2大的所有数字都位于这个八度之上。也就是说，从9/4开始的所有音都不在这个八度以内了，我们需要把它们换算到一开始的八度内。对于9/4，只要把它除以2，就能让它回到1到2之间，即9/8；同样，27/8除以2就能让它回到1到2之间，即27/16；再往上的两个音位于再上面的一个八度，因此我们需要除以两次2，即除以4，才能让它回到一开始的八度。最后我们就得到以下这个序列：

1   3/2   9/8   27/16   81/64   243/128   2

但它们不是从小到大依次排列的。

第三步：把它们按照从小到大的顺序排列。这样我们就会得到：

1   9/8   81/64   3/2   27/16   243/128   2

如果尝试把这些音跟C大调音阶C、D、E、F、G、A、B、C联系起来，你会发现还差一个音，我们只有7个数，但音阶里有8个音（包括高一个八度的C）。

第四步：为了找到剩下的一个音，我们需要把一开始的音降五度，再把它移动到现在这个八度里面来。要把开始的音降五度，我们要让1除以3/2，1/（3/2）= 2/3，再乘以2，得到4/3。这样一来，整个序列就变成：

1　9/8　81/64　4/3　3/2　27/16　243/128　2

我们有必要看看相邻音之间的间距（音程）各是多少，而衡量相邻音间距的就是它们的比值。如果我们把上面这串序列看作是 C 大调音阶的话，C 音和 D 音的音程（比值）就是（9/8）/1 = 9/8，D 和 E 之间的音程则是（81/64）/（9/8）= 9/8，以此类推。这样一来，我们可以得到相邻两个音之间的音程依次如下：

9/8　　9/8　　256/243　　9/8　　9/8　　9/8　　256/243

可以看到，这一序列中只有两种音程，一种是 9/8，一种是 256/243。我们管 9/8 叫全音，管 256/243 叫半音。这样一来，音程序列就是全、全、半、全、全、全、半。把这个序列和钢琴上的 C 大调做对比，会发现它们完全一致。E 和 F 之间没有黑键，也就是说，它们之间的距离比 D 和 E 之间的距离窄；B 和 C 之间同样没有黑键。

现在，我们来看一下这个音阶的精确程度。我们知道，理论上五度、四度、大三度和大六度的比值分别应该是 3/2、4/3、5/4 和 6/5。而看看第四步里得到的比值，可以发现，五度对应的确实是 3/2，四度也确实是 4/3，但三度本该是 5/4，在五度相生音阶里却是 81/64，有略微的偏离。同样，大六度本该是 6/5，实际上却是 27/16。

我们可以把上面的步骤继续进行下去。如果不断地把音往上或者往下翻五度，会得到由所有半音组成的音阶，我们把它叫作半音阶。也可以按步骤列出这个过程。

第一步：在此前得到的结果基础上，继续向上、向下延伸五度：

$(3/2)^6$	$(3/2)^5$	$(3/2)^4$	$(3/2)^3$	$(3/2)^2$	$(3/2)$	1	$(3/2)$	$(3/2)^2$	$(3/2)^3$	$(3/2)^4$	$(3/2)^5$	$(3/2)^6$
64/729	32/243	16/81	8/27	4/9	2/3	1	3/2	9/4	27/8	81/16	243/32	729/64

第二步：通过不断乘以或除以2，把所有音都移动到同一个八度里：

1024/729	256/243	128/81	32/27	16/9	4/3	1	3/2	9/8	27/16	81/64	243/128	729/512

第三步：把这些数字按升序排列：

256/243	9/8	32/27	81/64	4/3	（1024/729）	（729/512）	3/2	128/81	27/16	16/9	243/128	2

看着这些音程，我们会发现，它们之间的间距并不一致，而且中间的两个不同的值对应着同一个音。因此，显而易见，五度相生音阶存在一些问题。

纯律自然音阶

由于五度相生音阶存在这些问题，有人发明了一种新的音阶，叫作纯律自然音阶，简称纯律音阶（自然音阶指一个八度中的7个音组成的音阶）。纯律音阶中包含的协和音程最多，要做到这一点，需要以大三和弦为基础，大三和弦包含主音、五度音和三度音。假设主音是 C，大三和弦就是 C—E—G，唱起来就是 do—mi—sol，这三个音的频率比是 $4:5:6$。要建立纯律音阶，我们同样要遵循一系列步骤：

第一步：从大三和弦开始，设主音的频率是 f，那么这三个音的频率就依次是 f、$5/4\,f$、$3/2\,f$。把它们同时乘以 4，就可以发现它们的频率比是 $4:5:6$。

第二步：在最高音的基础上再往上建立一个大三和弦，在最低音基础上再往下建立一个大三和弦：

		f	$5/4\,f$	$3/2\,f$		
$2/3f$	$5/6f$	f		$3/2\,f$	$15/8\,f$	$9/4\,f$

在上面的大三和弦上，我们要给每个音都乘上特定的数量，使得三个数的比仍然是 $4:5:6$。因此，第二个数就应该是 $5/4 \times 3/2$，第三个数则是 $3/2 \times 3/2$。下面的大三和弦也一样，三个数的比也应该是 $4:5:6$。

第三步：把第二步产生的音通过乘以或者除以 2 或者 4，移动到同一个八度里。例如：

$2/3f$ 需要往上移动一个八度，变成 $4/3f$

$5/6f$ 需要往上移动一个八度，变成 $10/6f$

$9/4f$ 需要往下移动一个八度，变成 $9/8f$

第四步：把这些音按升序排列，于是得到：

f　$9/8f$　$5/4f$　$4/3f$　$3/2f$　$10/6f$　$15/8f$　$2f$

最后，计算相邻频率的比值，我们得到：

9/8　　10/9　　16/15　　9/8　　10/9　　9/8　　16/15

可以看到，这个音阶也存在问题。其一，这个音阶里有两种不同大小的全音音程，一个为9/8，一个为10/9，半音则都为16/15。由于我们正是以大三和弦为基础构建的这个音阶，三度和五度是准确的，但小调和弦却存在一些问题。重复以上步骤，我们也可以构建出半音阶，但半音阶的问题比五度相生音阶更为严重。而纯律音阶最大的问题则是，沿着不同的音构建出的音阶互不相同，因此没办法把一个调的旋律转到另一个调上。为了解决这个问题，人们创造出了一种新的音阶，即平均律音阶。

平均律音阶

最理想的音阶是所有的半音音程都相等的音阶，这样所有的三度、四度和五度完全相同，且精确符合整数比。但事实证明，这样的音阶不存在。因此，我们必须做出一些妥协。我们首先保证所有的半音音程都相同，也就是：

f（音2）/f（音1）=f（音3）/f（音2）=f（音4）/f（音3）=……

我们还要求f（音13）=2f（音1）。如果我们用a来表示半音音程比，就会得到：

f（音1）= a^0f

f（音2）= a^1f

f（音3）= a^2f

……

f（音13）= $a^{12}f$

既然f（音13）= $2f$（音1），那我们就得到a^{12} = 2，那么就有 $a = \sqrt[12]{2} = 1.0595$。

这就意味着，在 C = 261.6 Hz 的基础上，平均律音阶的其他音频率如下：

C	$1.0000 \times 261.6 = 261.6$
C$^\sharp$	$1.0595 \times 261.6 = 277.2$
D	$1.1225 \times 261.6 = 293.7$
D$^\sharp$	$1.1893 \times 261.6 = 311.1$
E	$1.2601 \times 261.6 = 329.6$
F	$1.3351 \times 261.6 = 349.3$
F$^\sharp$	$1.4148 \times 261.6 = 370.0$
G	$1.4987 \times 261.6 = 392.1$
G$^\sharp$	$1.5878 \times 261.6 = 415.4$
A	$1.6823 \times 261.6 = 440.1$
A$^\sharp$	$1.7842 \times 261.6 = 466.3$
B	$1.8885 \times 261.6 = 494.0$
C	$2.0008 \times 261.6 = 523.4$

当然，平均律在音程的准确度方面做出了一些牺牲，但

距离完美协和音程的偏差并不是很大，大多数人听不出来。特定几种音程在平均律和完美协和情况下的频率比值及其偏差见表5。

表5　平均律中几种音程的频率比的偏差

音程	频率比		偏差（%）
	理论值	实际值	
五度	1.5000	1.4987	0.0877
四度	1.3333	1.3351	0.135
大三度	1.2500	1.2601	0.808
大六度	1.6667	1.6823	0.936

大调音阶

到这里，我们了解的知识已经足以讨论大调音阶了。在上面得到的平均律音阶中，我们也发现相邻音之间的距离依次为全、全、半、全、全、全、半，"全"表示全音，"半"表示半音。把这些音程联系到五线谱上的C大调音之间就是：

音乐家们为这几个音各自取了名字，也可以用罗马数字（有时也用阿拉伯数字）表示如下：

主音	上主音	中音	下属音	属音	下中音	导音
C	D	E	F	G	A	B
I	II	III	IV	V	VI	VII

　　这一系列全音和半音的顺序，当然也适用于其他音阶。换句话说，这些主音、上主音等可以是任何音高。比如，如果我们从 G 音开始，按照全、全、半、全、全、全、半的顺序往后延伸，就可以得到除了 F 以外所有的白键音，F 则需要升高半音（升音是指一个音右边的黑键，降音是指一个音左边的黑键）。这样一来，G 大调音阶里就有一个升号。而如果从 F 音开始构造大调音阶，就会得到一个降音，也就是降 B。

　　从 C 大调开始，我们可以轻易构造出所有的升音和降音，见表 6。要得到带降音的音阶，把每个音阶中的第四个音（在表中被加粗了）作为下一个音阶的主音即可，这样一来下一个音阶里的第四个音就是带降号的。你可以继续这一过程，从而得到所有的降号调，如表 6 中所示。我们依次会得到 F、B♭、E♭、A♭、D♭、G♭ 大调的音阶，每个音阶中含有的降号数量不同。

　　同样，从 C 大调开始，我们也可以构造出所有带升号的调。这次，我们以每个音阶的第五个音为下一个音阶的开头，这样下一个音阶的第七个音就会带有升号（原因我在后面会解释）。继续这一过程，依次会得到 G、D、A、E、B、F♯ 大调的音阶。如果你在钢琴上先后弹奏最后一个降号调 G♭ 大调的音阶和最后一个升号调F#大调的音阶，你会发现它俩是一样的。名字的不同取决于是升号调音阶还是降号调音阶。这样的两个音阶称为等音音阶。

表6　从C大调开始构建各大调音阶

降号调音阶							
C	D	E	**F**	G	A	B	C
F	G	A	**B$^\flat$**	C	D	E	F
B$^\flat$	C	D	**E$^\flat$**	F	G	A	B$^\flat$
E$^\flat$	F	G	**A$^\flat$**	B$^\flat$	C	D	E$^\flat$
A$^\flat$	B$^\flat$	C	**D$^\flat$**	E$^\flat$	F	G	A$^\flat$
D$^\flat$	E$^\flat$	F	**G$^\flat$**	A$^\flat$	B$^\flat$	C	D$^\flat$
G$^\flat$	A$^\flat$	B$^\flat$	C$^\flat$	D$^\flat$	E$^\flat$	F	G$^\flat$
升号调音阶							
C	D	E	F	**G**	A	B	C
G	A	B	C	**D**	E	F$^\sharp$	G
D	E	F$^\sharp$	G	**A**	B	C$^\sharp$	D
A	B	C$^\sharp$	D	**E**	F$^\sharp$	G$^\sharp$	A
E	F$^\sharp$	G$^\sharp$	A	**B**	C$^\sharp$	D$^\sharp$	D
B	C$^\sharp$	D$^\sharp$	E	**F$^\sharp$**	G$^\sharp$	A$^\sharp$	B
F$^\sharp$	G$^\sharp$	A$^\sharp$	B	C$^\sharp$	D$^\sharp$	E$^\sharp$	F$^\sharp$

　　有了这张表，我们就可以通过数出音乐里有几个升降号来确定它是哪个调的。

小调音阶

大多数音乐是用大调音阶写成的，但大调音阶并不是音乐家们使用的唯一种类的音阶，另一种被称为小调音阶的音阶也很重要。比较一下用小调音阶和大调音阶写成的歌曲，你可以轻易听出差别。大调音乐听起来通常比较愉快、昂扬向上，而小调音乐听起来则较为悲伤、忧郁。例如，葬礼进行曲通常是用小调写成的。

小调又分三种：自然小调、和声小调和旋律小调，每一种的音程序列都不一样。

　　·自然小调由以下音程序列组成：全、半、全、全、半、全、全。如果把这些全音和半音的序列用在C音上，就会得到C、D、E♭、F、G、A♭、B♭、C。当然，你也可以构造以任何音为主音的小调音阶。

　　·和声小调由以下音程序列组成：全、半、全、全、半、（全+半）、半。它与自然小调的唯一差异在于，它把第五个音升高了半音。以C音为主音的和声小调音阶就是C、D、E♭、F、G、A♭、B、C。

　　·旋律小调由以下音程序列组成：全、半、全、全、全、全、半。它在和声小调的基础上，又把第五个音升高了半音，以 C 为主音就是 C、D、E$^\flat$、F、G、A、B、C。不过，如果把这些音倒过来演奏，听起来会很奇怪，因此，旋律小调的下行与自然小调的下行相同，以 C 为主音就依次是 C、B$^\flat$、A$^\flat$、G、F、E$^\flat$、D、C。

关系大小调音阶

你可能会注意到，有时候一首谱子上没有任何升降号的曲子，你以为是 C 大调，听起来却像是小调，格里格的钢琴协奏曲就是个例子。它所用到的音跟 C 大调里的音相同，但它其实是 A 小调的。同样的音既可以形成大调，又可以形成小调。这看起来好像很奇怪，但对比一下真正的 C 大调曲子，很容易听出两者的差别。这种现象适用于所有的调：每个大调音阶都有一个对应的关系小调音阶，两个音阶用到的音相同。比较一下 A 小调和 C 大调，你会发现，A 是 C 大调里的第六个音，或者说是 C 往下三个半音的音。同样，F 大调对应着D 小调，F 往下三个半音是 D；G 大调对应着 E 小调，G 往下三个半音是 E。

五声音阶

我们在引言就介绍了五声音阶，它们在爵士、摇滚和乡村音乐中比较常见，在全世界其他国家，如中国和日本的民族音乐中也被广泛使用。任何一名爵士钢琴家都会说，五声音阶对于即兴演奏非常重要，奇克·科里亚（Chick Corea）和赫比·汉考克（Herbie Hancock）也大量使用了这种音阶。

五声音阶可以通过几种不同的方法来获得，而且也分多种不同类型。在引言中我们看到，毕达哥拉斯用五度的叠加得到了一种五声音阶；而另一种方法则是使用标准的五声音阶音程序列：全、全、（全+半）、全、（全+半）。可以看到，这个序列中并不包含单独的半音。不过，某些五声音阶中，也会出现半音。因此，五声音阶被分为两类：一类含有至少一个半音；另一类则不含半音。

构造大调五声音阶最便捷的方式就是从大调音阶中去除第四个音和第七个音。比方说，C大调音阶就变成了C、D、E、G、A，F大调音阶变成F、G、A、C、D，G大调音阶变成G、A、B、D、E。看了这几个例子，你可能会觉得，五声音阶里的音都是白键，但事实并非如此。实际上，任何一个八度里的五个黑键，也可以构成一个五声音阶。

另一个构造五声音阶的方法来自所谓的"五度圈"。我们后面会看到，这个圈对于音乐可谓是无价之宝。要构造五度圈，我们要先画一个圈，并且把C放在它的最上面。在它的右边，我们写上第一个升号调G，再右边写上第二个升号调的D，以此类推。在C的左边，我们写上第一个降号调的F，再左边写上第二个降号调的B♭，以此类推，结果如图60所示。

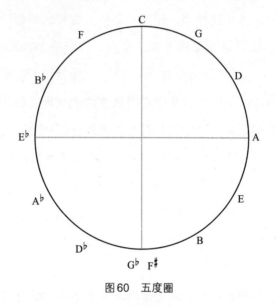

图60 五度圈

沿着顺时针看这个圈，你会发现每个音都比前一个音高五度；逆时针看这个圈，每个音则比前一个音高四度（例如，F比C高四度）。事实证明，在这个圈上，每相邻五个音就构成了一个五声音阶，比如C、G、D、A、E，把这几个音重新排列一下，就得到了C、D、E、G、A，这就是C大调的五声音阶。我们也能从图中看到，五个黑键也可以组成一个五声音阶。

许多歌曲都只用了某一个五声音阶中的音，比如《奇异恩典》（Amazing Grace）、《友谊地久天长》（Auld Lang Syne）、肖邦的《"黑键"练习曲》和格什温（George

Gershwin）的《夏日时光》（Summertime）。你可以在钢琴上试着弹一下《奇异恩典》和《友谊地久天长》，也可以轻松把它们移到只由黑键组成的五声音阶上（在这一章后面，我会讲到移调的知识）。

到此为止，我们讨论的都是大调五声音阶，但五声音阶还有其他几种，下面列出了一部分，都以 C 为主音：

1.大调（C、D、E、G、A）

2.无三度、带大六度（C、D、F、G、A）

3.无三度、带小七度（C、D、F、G、B♭）

4.小调（C、E♭、F、G、B♭）

5.无五度（C、E♭、F、A♭、B♭）

正如每个普通大调音阶都对应着一个由同样的音组成的关系小调音阶，每个大调五声音阶都对应着一个由同样的音组成的小调五声音阶，称为关系小调五声音阶。小调五声音阶的音程序列为（全+半）、全、全、（全+半）、全。我们知道 C 大调五声音阶是 C、D、E、G、A，而 A 小调五声音阶就是 A、C、D、E、G，也就是把 C 大调五声音阶重新排列了一下。

我们还可以把大调五声音阶做一些修改，构成变化五声音阶。最重要的变化五声音阶之一是去掉大调音阶中的三级音和七级音（而非四级音和七级音）所形成的音阶：C、D、F、

G、A。还有其他几种变化五声音阶如下所示（以C大调五声音阶为基础）：

1. 降二级音：C、D$^\flat$、E、G、A

2. 降三级音：C、D、E$^\flat$、G、A

3. 降五级音：C、D、E、G$^\flat$、A

4. 降六级音：C、D、E、G、A$^\flat$

5. 降多个音的组合，如降二级音和五级音：C、D$^\flat$、E、G$^\flat$、A

虽然这些并非常规的五声音阶，但它们毕竟包含了五个音，因此确实属于五声音阶。

调式和五声音阶

调式的概念在音乐中也被广为使用。调式源自古希腊，因此不同调式的名字也来自古希腊语。所有调式都可以便利地通过转化为大调音阶的方式来描述，例如伊奥尼亚调式就是C大调音阶。从C开始依次往后一个音，就可以构成其他几个调式。

C → C′（C$_4$ → C$_5$）伊奥尼亚调式

D → D′　　　　　　多利亚调式

E → E′　　　　　弗利几亚调式

F → F′　　　　　利底亚调式

G → G′　　　　　混合利底亚调式

A → A′　　　　　爱奥里亚调式

B → B′　　　　　洛克利亚调式

C大调音阶可以形成很多调式，这听起来好像没什么大不了的，我们只是把第一个音往上移动了一下，然后演奏相同的音阶嘛。但如果仔细观察一下这些调式就会发现，它们跟C大调音阶有显著差异。伊奥尼亚调式（C → C′）跟C大调一样，音程序列是全、全、半、全、全、全、半；而从D开始到D′，音程序列就是全、半、全、全、全、半、全，与C大调截然不同，它就是多利亚调式的音程序列。同样，弗利几亚调式的音程序列为半、全、全、全、半、全、全；利底亚调式的音程序列为全、全、全、半、全、全、半。

以C音为主音构造多利亚调式，也就是在C的基础上，依次增加全、半、全、全、全、半、全的音程，就会得到C、D、E♭、F、G、A、B♭、C。它与我们到此为止见到的任何音阶都不一样，与小调音阶比较接近，但也有细微的区别。

现在再回到我们之前定义的五种不同的五声音阶。此前我们给它们分别起名为大调五声音阶，无三度、带大六度的五声音阶，无三度、带小七度的五声音阶，小调五声音阶和无五度的五声音阶，现在仔细观察一下这几种音阶，就会发现它们其实是：

> 伊奥尼亚五声音阶
>
> 混合利底亚五声音阶
>
> 多利亚五声音阶
>
> 爱奥里亚五声音阶
>
> 弗利几亚五声音阶

例如，考虑无三度、带小七度的五声音阶，也就是C、D、F、G、B$^\flat$，而多利亚调式五声音阶的音程序列是全、（全+半）、全、（全+半）、全，让第一个音为C，就得到了C、D、F、G、B$^\flat$，跟上面的序列一样。

布鲁斯音阶

布鲁斯音阶在爵士和布鲁斯音乐中扮演着尤其重要的作用，但在摇滚和福音音乐中也有它的身影。拉格泰姆音乐，如斯科特·乔普林（Scott Joplin）著名的《枫叶拉格》（Maple Leaf Rag）和《第十二街拉格》（Twelfth Street Rag）就以布鲁斯为基础。早期有很多伟大的爵士音乐家都以使用了布鲁斯音阶而知名，其中包括杰利·罗尔·莫顿（Jelly Roll Morton）、法茨·沃勒（Fats Waller）、路易斯·阿姆斯特朗（Louis Armstrong）和亚特·泰特姆（Art Tatum）。

简单来讲，布鲁斯音阶是把三级音、五级音和七级音降低半音的音阶。不过，在实际创作过程中，二级音和六级音常常被省去。以 C 为主音，音阶写出来便是：

降了半音的三级音和五级音称为布鲁斯音。

布鲁斯音阶可以用五声音阶来构造，可以将其看作是小调五声音阶额外再加了一个降半音的五度音。另一种构造方法是以普通小调音阶为基础，忽略二级和六级音，再加上一个四级和五级之间的音。最终，布鲁斯音阶有六个音，音程序列为（全+半）、全、半、半、（全+半）、全。

移调

一首歌或一段音乐在创作的时候是以某一个特定的音阶为基础，但可能会有歌手唱不上去这个音阶里的高音。解决这个问题的办法是把这首歌降到一个更低的调上。比方说，假设原本这首歌是在 G 调上创作的，要把它移到 C 调上，所有音都要降低五度，因为 C 比 G 低五度。

例如，假设我们有下面这段 G 调上的旋律：

要把它移到C调上，C要变成F，D要变成G，E要变成A。这样一来，旋律就变成了：

优秀的音乐家可以瞬间移调演奏歌曲，这个技能需要大量练习才能掌握，但很有用处。

其他音阶

音乐中还使用到了其他几种音阶。我们在前面已经遇到了半音阶，它由半音组成，在爵士和其他类型的音乐中被广泛使用，其音程序列是半、半、半、半、半、半、半、半、半、半、半、半；另一种音阶则被称为全音阶，顾名思义，它只由全音组成（全、全、全、全、全、全），以C为第一个音，写出来就是C、D、E、F#、G#、A#、C；还有一种音阶叫作减音阶，由全音和半音交替组成：全、半、全、半、全、半、全、半；最后，还有一系列的变音阶，是一种减音阶和全音阶的结合体，其音程序列为全、半、全、半、全、全、全。

第6章　旋律、和弦与和弦连接

如果音乐没有了和声，那会怎样？和声来自同时演唱或演奏好几个音符产生的音效，它是让音乐美妙动听的因素之一。要形成和声，我们就需要和弦。和弦就是不止一个音同时演奏形成的一组声音，我们将会看到，它在任何种类的音乐中都扮演着重要角色。如小号和单簧管之类的乐器，一次只能演奏一个音，但像钢琴和吉他这样的乐器，使用了大量的和弦。实际上，就算很多乐器一次只能演奏一个音，它们在乐队或乐团里也形成了和弦的一部分。乐团里的不同乐器常常会同时演奏同一个和弦中不同的音。

双音和音程

两个音同时演奏则称为双音，它们形成了一个音程。有几种音程听起来格外和谐，因此尤其重要（当然，我们在前文里

已经遇到过它们了），被称为完全协和音程，见表7。还有其他
几种较为和谐的音程，称为主要协和音程，见表8。频率比的
数字越小，声音就越和谐，例如，3∶2就比8∶5更和谐。

表7　完全协和音程

完全协和音程	频率比	C大调中的例子
纯八度	2∶1	C—C′
纯五度	3∶2	C—G
纯四度	4∶3	C—F

表8　主要协和音程

主要协和音程	频率比	C大调中的例子
大三度	5∶4	C—E
小三度	6∶5	C—E♭
大六度	5∶3	C—A
小六度	8∶5	C—A♭

用五线谱表示，如下图所示：

和弦

三和弦

三个音同时演奏就形成三和弦。在前文中，我们已经知

道了C—E—G这个三和弦（称为大三和弦），这三个音的频率
比是4∶5∶6，在前面的表8中我们也看到，4∶5形成了一个
大三度，5∶6形成了一个小三度。也就是说，这个和弦由一
个大三度和一个小三度组成。以同样的方式，我们可以列出
其他几种重要的三和弦，如表9所示。当然，这些只是一个八
度以内的所有音能形成的三和弦中的一小部分，但它们是最
具旋律性的。

表9　一些三和弦和组成它们的音程

三和弦	组成音程	频率比
C—F—A	四度+大三度	3∶4∶5
E—G—B	小三度+大三度	5∶6，4∶3
E—G—C′	小三度+四度	5∶6，3∶4
C—E—A	大三度+四度	4∶5，3∶4
E—A—C′	四度+小三度	3∶4，5∶6

　　在讨论和弦的时候，我们会以最下面的音（即根音）为
基础。例如，以大三和弦为例，上面的两个音就分别称为三
音和五音。容易算出，大三和弦（以C—E—G为例）中的三
音与根音相差4个半音。如果把C—E—G这个大三和弦往上
各挪一个音，就得到：

　　可以看到，下面的两个音之间只相差3个半音，因此这

个三和弦不可能是大三和弦。它被称为小三和弦，这个和弦（D—F—A）是D小三和弦。

再把所有音各往上挪一个音，就得到：

数一下下面两个音之间的距离，会发现还是只差3个半音，因此它也是一个小三和弦，即E小三和弦。再往上，依次是F大三和弦、G大三和弦、A小三和弦。不过，最后一个以B为根音的和弦有所不同，我们在后面会看到，它是一个减三和弦。

早先我们提到，一个音阶里不同的音按顺序会以罗马数字Ⅰ、Ⅱ、Ⅲ等来标记，这种标记也可以用来指代我们刚刚构造出的这些和弦。用罗马数字Ⅰ来表示主音，我们会把刚刚构造出的和弦依次记为：

Ⅰ　　ⅱ　　　ⅲ　　　Ⅳ　　　Ⅴ　　　ⅵ　　　ⅶ°

其中，大写罗马数字表示大三和弦，小写罗马数字表示小三和弦，而度的标记（°）则表示减三和弦。

和弦的转位

刚刚我们看到的C大三和弦，根音就是最低音C，我们称这种和弦为原位和弦。也可以把下面的音往上翻一个八度，得到的仍然是同一个和弦，如C—E—G变成E—G—C′，或者 G—C′—E′。后面两种排列称为转位和弦，这两种转位分别被称为第一转位和第二转位。可以看到，三和弦有两种转位，推广开来可以知道，任意一个和弦的转位数目等于其所包含的音的数目减去 1。

我们在前面还看到，原位大三和弦由一个大三度和一个小三度组成。而它的第一转位 E—G—C′ 则由小三度和四度组成，第二转位 G—C′—E′ 则由四度和大三度组成。

四音和弦

由四个音组成的和弦称为四音和弦。最常见的四音和弦是七和弦，最基本的七和弦有大七和弦和属七和弦。在实际中，属七和弦应用得比大七和弦更为广泛，因此如果只说"七和弦"，默认的就是指属七和弦。大七和弦是在大三和弦的基础上加上了一个比高八度的主音低半个音的音，以 C 大三和弦为例，第四个音就是 B。而在属七和弦中，第四个音比高八度的主音低一个全音，即 B$^\flat$。

大七和弦　属七和弦

大七和弦有一种不协和的效果，爵士音乐家很喜欢这种效果，因此大七和弦在爵士音乐中很常见。

除了七和弦以外，还有一种四音和弦叫作六和弦。在三和弦基础上再加一个比五音高一个音的音，就形成了六和弦。以C大三和弦为例，就是加上一个A。六和弦在流行音乐中扮演着重要角色，很多爵士钢琴家在所有的大调和弦上都会采用六和弦。

增和弦与减和弦

除了上面提到的这些和弦，还有两种重要的和弦，称为增和弦、减和弦。增三和弦是把大三和弦的五音升高半音，减三和弦则是把大三和弦的三音和五音各降低半音。两种和弦在音乐中都被广泛使用，但出现频率不如大三和弦、小三和弦和七和弦。有时候在增三、减三和弦的基础上会加上一个七音，形成增七和弦或减七和弦，但最常见的还是属七和弦。

增三和弦　　减三和弦

表示法

我们已经介绍过好几种和弦了，现在就来看看它们在谱子上是怎么表示的。流行音乐的谱子通常会在旋律旁边附上和弦，大多数情况下表示方法都是标准的，不过有时候不同谱子会采用不同的表示方法。表10中列出了常见的和弦表示方法，以及几种不同的变体。

表10　谱子上常见的几种和弦的表示法

和弦类型	表示方法
大三	C，Cmag，CM
小三	Cmin，Cm
增三	C^+，Caug
减三	Cdim，C°
七（属七）	C7，C^7
大七	Cmaj7
小七	Cmin7
减七	Cdim7，C° 7
增七	C^+7，Caug7

高叠和弦和挂留和弦

在介绍高叠和弦和挂留和弦之前，我要先介绍另一类对三和弦的扩展。在演奏任意和弦的时候，增加一个八度音都很常见。比如，在演奏三和弦C—E—G的时候，演奏者经常会加上一个高八度的C，即C′，这样和弦就变成了C—E—G—C′。对于手小的人来说，这种和弦可能很难演奏，但后面我们会看到，这类和弦对演奏旋律很有帮助。

高叠和弦所包含的音不止一个八度范围，还会包含一个八度往上的音，这类和弦有时也被称为超级和弦。最常见的高叠和弦是九和弦、十一和弦和十三和弦。以C调和弦为例，九和弦是在大七和弦的基础上再加了C′后面的D，十一和弦是在此基础上再加一个F，十三和弦则是再加上面的一个A。

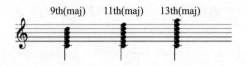

这些和弦看似不可能被演奏出来，毕竟我们每个手只有五根手指。不过在实际情况下，和弦中有的音被移到了下面的八度，或者省去了某些音。比方说，在上图的九和弦中，演奏者可能会演奏中央C下面的D，用来代替最上面的D；十一和弦中的F也经常会往下移动一个八度。

以C为根音的九和弦、十一和弦和十三和弦分别写作C9、C11和C13。你可能会注意到，这几个和弦下面的七和弦既可以是属七和弦，也可以是大七和弦，上面的表示法通常对应于七和弦是属七和弦的情况，而以大七和弦为基础的九和弦、十一和弦和十三和弦则写作Cmaj9、Cmaj11和Cmaj13。

与高叠和弦紧密相关的另一种和弦叫作挂留和弦。挂留和弦分两种：挂二和弦与挂四和弦，其中挂四和弦较为常见。挂四和弦就是把大三和弦里的三音升高了半音，以C大三和弦为例，就是C—E—G变成了C—F—G。如果在钢琴上演奏这个和弦，你会觉得听起来有些不协和，不过它在爵士乐中的应用非常广泛。挂二和弦则是把大三和弦里的三音降低一个全音，以C大三和弦为例，就是C—E—G变成了C—D—G。你可能会问，这两个和弦与九和弦、十一和弦有什么区别，但挂留和弦没有七度等音程，所以还是不同的。挂四和弦、挂二和弦分别写作Csus4、Csus2。

用和弦填补旋律

现在的问题就是，有了这些和弦，我们用它们来做什么呢？和弦最主要的目的就是用来填补旋律。你如果买过流行音乐的谱子，就会发现谱子里有一条旋律，其中每个小节上面都有和弦的标记，通常还有简单的编曲效果。如果你能看懂乐谱，就可以演奏出谱子上的旋律，但对大多数音乐家来说这样的谱子太简单了。我现在要做的，就是给你展示如何用和声来填补旋律，并且自己来编曲。先以一首简单的歌为例，如《在那过去的夏日好时光》（In the Good Old Summertime），歌曲是C调的，3/4拍。

这一串简单的音符形成了旋律，而上面的符号则表示和声。你可能会猜到，用和声来填补旋律的方法有很多种。我先介绍传统方法的各个步骤，再简单讨论其他几种变体。

1.先把谱子上写的旋律提高一个八度，这是为了避免旋律与左手的和弦相冲突。（如果旋律音已经很高了，就可以省去这一步骤。）

2.演奏一开始的几个音（即导入音），在这个例子里就是前两个音。可以只演奏单音，也可以演奏八度双音。

3.把每个小节的第一个音当成和弦的最高音。也就是说，根据旋律音从上往下构建和弦。利用乐谱上的和弦标记（如C、F、G）来使用正确的和弦。

4.如果歌曲比较简单，包含的八分音符比较少，你可以把大部分音都带上和弦来演奏。而如果旋律比较复杂，有很多八分音符，把所有音都带上和弦是不可能的，哪怕真的这么演奏了，音乐听起来也太密集、不好听了。

5.如果你没有给某个音加和弦，那么可以演奏单音，也可以演奏八度双音。

6.如果旋律音不在常见的三和弦（或四音和弦）之中，把它跟三和弦中尽量多的音一起演奏。

对上面那首歌应用这几个步骤，就会得到下面的编配：

在实际演奏过程中，你不会看到上面的这版谱子，因为整个过程都是在钢琴上进行的，只是把旋律音都上移了八度而已。当然，你也可以把所有和弦都加上八度音，比如C大三和弦就变成C—E—G—C′，这样就可以想象成和弦是以原来的旋律为基础往上构造的，得到的编配如下所示：

采用这种方式演奏的音更多，音乐听起来也更丰满。不过，大多数情况下，把所有和弦都填上八度音听起来会有点过于丰满了。因此，最好的方法是其中某些音只演奏八度双音，甚至单音。

那左手演奏什么呢？

左手通常演奏伴奏，以配合右手的旋律。伴奏有几种不同的模式，最简单的一种就是一系列单音。每小节的第一个音都是和弦的根音，后面的音可以是三音或者五音。以上面的歌曲为例，左手可以这样演奏：

或者你也可以演奏和弦的部分或全部音，如

你还可以演奏更完整的和弦，这种情况下一般会把第一个音低八度演奏：

如果歌曲是更常见的4/4拍，而非3/4拍，左手伴奏的模

式也有所不同。4/4拍最常见的伴奏模式被称为"摇摆低音"：第一拍演奏根音，第二拍演奏和弦，第三拍演奏五音，第四拍再演奏同样的和弦。如下所示：

要翻花样的话，也有好几种方法可以改变伴奏模式。单音可以改成八度双音，或者也可以演奏一系列和弦，或是改变和弦的顺序，如下所示：

不用说，发挥空间很大。

声部配置和编曲

如果只是用左手的摇摆低音配上右手的和弦和单音，不免显得过于单调，好像演奏的所有曲子听起来都是一个样。要给曲子赋予新鲜感，就得多翻一些花样。具体来讲，你没必要每个和弦都用标准的，可以选择听起来最好听的那种。这一选择的过程称为声部配置。有些情况下，和弦中原本有四个甚至五个音，但你可以只选用两三个。有时候，可以在整个小节或者连续两个小节里只用双音甚至单音。声部配置需要不断进行试验，找出声响效果最好的组合。左手也是一

样：左手伴奏有不计其数的变体，你可以随意选用。我在上
一节描述了其中的几种，你可以自己试验其他的变种。以
《在那过去的夏日好时光》为例，声部配置的一例如下所示：

　　所有歌曲中都会有一些"空档"，也就是旋律是长音的时
候，这个时候音乐会比较单调，但这也是发挥你创造力的机
会。要"填补"这些空档，也有各种各样的方法。比如添加
几个音形成对位旋律，插入一系列双音，演奏和弦音组成的
琶音，或者简单地添加几个和弦。这些"花样"通常在旋律
的高八度处演奏。

　　歌曲编配的目标就是找到一个你喜欢的编曲版本，并且
记住它。在演奏的时候可以随个人喜好做细微调整，但现在
你有一个理论基础可以参照了。

和弦连接和五度圈

　　前文已经介绍了五度圈，我还提到它对音乐家至关重要，

尤其是对于要使用和弦的音乐家而言。为了防止你忘了，我在图61里再展示一次五度圈的形状，最好能够记住它。

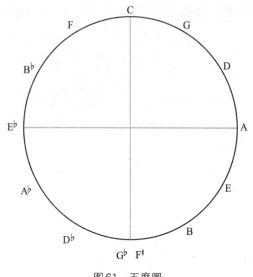

图61　五度圈

　　五度圈对理解歌曲中和弦的连接尤为重要。以《在那过去的夏日好时光》为例，和弦每小节一换，有时候在同一个小节内也会换。前几个小节的和弦依次是C—C7—F—C，如果你看看别的歌，可能也会发现类似的和弦连接。和弦的变化有规律吗？或者说，有没有哪些较为常用的和弦连接？事实证明，大多数情况下，和弦的变化确实是有规律的。看看上面这四个和弦，你会发现和弦是逐渐变化的。换句话说，一个和弦中大部分音都与前一个和弦中的音相同。这就意味着，如果和弦变化得太急剧，音乐听起来就不对劲了。例如，你很少听到某一段音乐会有 C—A♭—B—C 这样的和弦连接，因为这个序列中相邻和弦几乎没有共同的音。

五度圈的一个用处在于，它能帮助我们确定哪些和弦连接是可以接受的。大部分流行歌曲和古老民谣的和弦连接都相对简单。假设这首歌是 C 调的，那它前 8 个小节的和弦有可能是 C—F—G7—C。用五度圈来分析一下（见图 62），我们从圆心画一个箭头指向 C，这就是这首歌的主和弦，类似于棒球的本垒。我们会发现，和弦会走向 F 或者 G，并没有偏离 C 太远。而到最后，箭头总会回到"本垒"C。

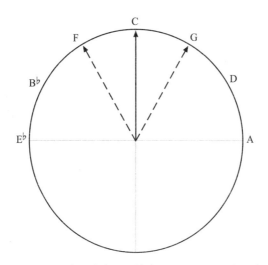

图 62　用五度圈来表示一首歌 C—F—G7—C 的和弦

在更现代一点的歌曲里，和弦连接一般也是从主和弦开始，但会往右（顺时针方向）走两到三步，乃至更远。以

C调为例，可能会出现A和弦，但由于歌曲倾向于回到"本垒"，因此它之后通常就会走回D，再回到G，最后回到C，如图63所示。现在的问题是，一般歌曲会用到哪些和弦？要回答这个问题，我们要回到和弦的罗马数字表示法：

C　　D　　E　　F　　G　　A　　B
I　　ii　　iii　　IV　　V　　vi　　vii°

这个表告诉我们，在C大调中，以D、E、A为根音的三和弦是小三和弦，四级（F）和五级（G）和弦则是大三和弦。如果采用七和弦，有可能和前后和弦有共同的音。这样一来，我们就得到了C—Dmin—G7—C，这几个和弦也可以表示为I—ii—V—I。不过，大多数时候，第一个I会被省去，因为所有和弦连接都是从I开始的。

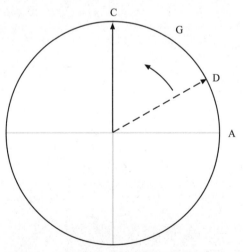

图63　五度圈展现了音乐回到主和弦的趋势

让我们用一首 E♭ 调的歌来进一步介绍和弦连接。在 E♭ 调中，"本垒"是 E♭，我们同样可以以 E♭ 为初始位置，顺时针移动几个和弦（见图 64）。假设我们顺时针移动四分之一圈到了 C，然后再回到 E♭，途中经过 F，然后是 B♭。现在，我们可以写出 E♭ 调音阶中每个和弦对应的罗马数字标记：

E♭	F	G	A♭	B♭	C	D
I	ii	iii	IV	V	vi	vii°

通过这张表，我们可以确定需要使用的和弦。F 是个小调和弦，因此我们要用 Fmin。C 也是个小调和弦，B♭ 则是个大调和弦，因此我们要用 B♭7。这样一来，和弦连接就是 E♭—Cmin—Fmin—B♭—E。在有些情况下，小调和弦也会增加七度音，形成七和弦。

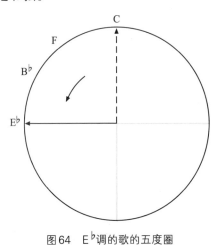

图 64 E♭ 调的歌的五度圈

再来以 C 右边的调举个例子，如 G 调。G 调歌曲的"本垒"

是G，因此箭头从G开始，见图65。然后，它往顺时针方向移动几个位置，比如到了E。然后，从E开始，指针又开始往回移动，先到A，再到D，最后回到G。A和E都是小和弦，D是七和弦。

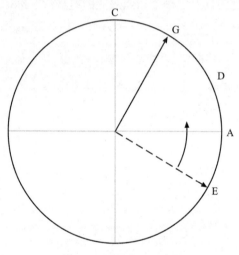

图65　G调歌曲的五度圈

大部分歌曲都可以用这些和弦连接来套，但和弦连接的选择也没有严格的规则，也有很多歌曲属于例外。它们可能从主和弦往左移动两个位置，也可能移动四个位置，但很少移动超过半圈。在回去的路上，它们可能偶尔会掉头再往左停留一个小节，但最终一定会回到主和弦的。

我们可以像刚刚这样，用五度圈来生成和弦连接，不过如果你读过关于爵士乐的书，你很可能多次见到过所谓的II—

V—I和弦连接。这里的和弦用罗马数字来表示，这是一种很常见的做法。在C调中，II—V—I指的就是C—Dmin—G7—C，但它的含义可远不止这一个和弦连接。用阿拉伯数字来代替罗马数字，就得到2—5—1，如果沿着五度圈继续延伸，很容易得到4#—7—3—6—2—5—1。在这种情况下，箭头沿着五度圈刚好转了180度。因此，II—V—I可以指这整个和弦连接，也可以指它的任意一部分。

当然，除了II—V—I以外，还有其他重要的和弦连接。在爵士和布鲁斯音乐中，IV—V—I应用得也很广泛，有时也会用到V—IV—V—I、III—V—IV—I。

你可能会想，音乐家要怎么使用这些和弦连接呢？有几种不同的方式。首先，音乐家在演奏一首歌的时候，可以通过这些和弦连接思考下一个和弦用什么比较好。对作曲家而言更是如此，毕竟作曲家必须得知道使用什么和弦。了解和声连接的知识，有助于给一首歌编配和声，还有助于即兴演奏（自由演奏）。我们在后面会看到，即兴演奏是爵士乐中很重要的一部分。

和弦替换

大多数歌曲原本编配的和弦都相对比较简单：基本上是大和弦或是小和弦，有时加上一些七度音，偶尔会有一些减和弦。不过，大多数音乐家——尤其是爵士音乐家——会使用更加复杂的和弦来让乐曲听起来更"爵士"，因此需要替换掉谱子上的很多和弦。和弦替换同样没有严格的规则，演奏者需要发挥自己的创造力，不过有一系列标准的替换方法是很多音乐家都会用的。其中一部分如下：

· 三全音替换：三全音是键盘上相距三个全音距离的两个音。G往上一个三全音就是C#，也就是说，你可以把G7换成C#7。记住这一点最好的方法是，知道一个音往上一个三全音就是指往上五度再降低半音。三全音替换是爵士音乐家最喜欢的方法之一。

· 和弦扩展：你可以在任何一个和弦的基础上加入别的音。常见的和弦扩展法是把C换成C6，也可以加上大七度、九度或者十一度。挂留和弦也很常用，比如Csus2或者Csus4也可用来替换C。

· 采用关系大小调和弦：前面说过，每个大调音阶都有个对应的小调音阶，比大调音阶低三度，用的是同样的一组音。比如，C大调的关系小调就是A小调。关系小调和弦可以用来替换原来的大调和弦，而有趣的是，大调和弦也可以用它上三度的小调和弦来替换，比如C变成Emin。

· 使用增减和弦来替换普通和弦：任何与原始和弦有几个音重合的和弦都可以用来替换原始和弦。因此，你可以用增和弦或者减和弦来替换大和弦，只要听起来顺耳就行。常见的替换方法是用上三度的减七和弦来替代原有的和弦。

·升阶替换：可以在一个给定和弦之前加上一个相邻的和弦，以"踏入"这个和弦。比方说，C G7 可以替换成 C F♯ G7。

当然，替换的方法还有很多，远远超出我在这里能一一列举的数量。而要找到合适的替换方式，最好的方法就是亲手尝试。

即兴演奏

我在前面提到，即兴演奏是爵士乐的重要组成部分，也是一个非常有用的技能。即兴演奏在很多方面可以被看作一门艺术，要想成为出色的即兴演奏家也不存在什么规则或者诀窍，但确实有一些技巧可以帮助我们来进行即兴演奏。首先，即兴演奏在很大程度上依赖于音阶与和弦琶音（也就是把和弦中的音一个接一个演奏出来的方法），和弦本身也被广泛使用。五声音阶很实用，布鲁斯音阶也同样如此。在即兴演奏中经常会出现临时升降号，以给音阶增添色彩。

大多数歌曲的结构是 AABA 或者 ABAB（A 和 B 表示重复

出现的段落），其中A和B包含8个小节，整首歌包含32个小节。布鲁斯音乐中的每个段落通常包含12个小节。

了解和弦连接对即兴演奏非常重要，你可以使用3—6—2—5—1（在C调中就是Emin—Amin—Dmin—G7—C），也可以只用2—5—1（在C调中就是Dmin—G7—C），但掌握不同调的演奏方法至关重要。

第7章 "你得有节奏"：
节奏与音乐类型

　　节奏也是音乐中至关重要的元素。乔治·格什温就深知这一点，他最出名的歌曲之一就是《我有了节奏》(I've Got Rhythm)。在百老汇音乐剧《疯狂女郎》中，埃塞尔·默尔曼 (Ethel Merman) 高声演唱出这首歌，成为整部剧的亮点，这首歌也风靡全美国。节奏确实是所有音乐的三大主要组成部分之一，另两个要素是旋律与和声。节奏之所以如此重要，是因为它在很大程度上决定了音乐的类型。所有听音乐的人都知道，摇滚音乐的节奏与新世纪音乐或古典音乐有很大的差别。

　　那么节奏到底是什么呢？它在《牛津简明英语词典》里的定义是"音乐创作中与音符时长和周期性重音相关的特征"。而对大多数人来说，节奏与你听音乐的时候情不自禁地跺脚或者拍手的节拍有关。它涉及音乐内在的脉搏，以及随时间变化的模式。一组占据了特定时长并一遍遍不断重复的音符，就被称为一个节奏单位。现代音乐通常采用一组由鼓和贝斯组成的节奏单位来强调节奏，有时候也会用键盘或吉他等乐器。这些节奏单位强调了音乐的节拍，保持节拍不断流动。节拍的速度就被称为音乐的速度。

切分音与先现音在节奏中常常起着关键作用。切分音就是强调通常不被强调的一拍，而先现音则是在节拍之前先演奏这个音。下图中第一小节的最后一个八分音符就先现（也即替代）了第二小节中第一拍的音。

切分的一种形式就是强调小节中的弱拍，它在摇滚乐和雷鬼乐中尤为重要。在4/4拍中，弱拍就是第二拍和第四拍，第一拍和第三拍则称为强拍，古典音乐比较强调强拍。弱拍切分经常由鼓或低音来提供。

前面提到，决定音乐类型的常常是节奏。在这一章中，我们就将探讨各种类型的音乐，以及与它们相关的节奏。当然，音乐的种类有很多，我无法一一讨论，因此，如果你最喜欢的音乐种类没被提到，我在此先道个歉。在下一节，我会先总览主要的几大音乐类型（必须说明的是，没有按照特定的顺序），再往后则会详细讨论每种类型。

音乐类型总览

先从摇滚乐开始。摇滚乐诞生于 20 世纪 40 年代末 50 年代初，从诞生起就广受欢迎，尤其受到年轻人的青睐。摇滚乐的主要特征是节奏强烈，让人有跳舞的冲动，而这也是年轻人喜欢它的原因。

我要介绍的第二类音乐是布鲁斯（也称蓝调音乐）。布鲁斯可以追溯到早期美国的非裔奴隶的宗教仪式。"布鲁斯"（blues）在英语中有忧郁的意思，因此如其名，布鲁斯音乐的歌词通常与问题、困难和麻烦有关。它以布鲁斯音阶为基础，其特征性的音被称为布鲁斯音，包括降半音的三音、五音和七音，这些音带来了一种悲伤、忧郁的音响效果。我们会看到，布鲁斯音乐影响了多种不同种类的音乐，尽管随着时间推移，布鲁斯音乐发生了不少变化，但它仍然保留着同样的基本特征。

布吉伍吉（boogie-woogie）是一类与布鲁斯紧密相关的音乐，虽然它不是主流音乐类别，但影响了不少音乐体裁。布吉伍吉大多强调弱拍，速度很快，节奏由左手体现。这种音乐兴盛于 20 世纪三四十年代，如今偶尔也会出现，有些甚至成为畅销金曲。

最能体现美国特征的音乐类型之一就是爵士乐了。给爵士乐下定义不太容易，或许是因为它包含许多子类型。拉格泰姆、迪克西兰、比波普，等等，它们都是爵士乐下分的不同种类。布鲁斯音是爵士乐的特征之一，因此爵士乐显然与布鲁斯有关。它的节奏很鲜明，且经常使用摇摆节奏、切分音、先现音和复合节奏（即同时存在多种节奏）。爵士乐很重要的一方面就是重视自由演奏，也就是即兴演奏。早期的爵士音乐家都是伟大的即兴演奏家。高叠和弦（如九和弦与十一和弦）也在爵士乐中扮演了重要作用。

乡村音乐看起来似乎与爵士乐和布鲁斯音乐风马牛不相及，但它们之间也有着一些联系。不用说，乡村音乐与摇滚音乐也密切相关，乡村音乐中有一个分支就叫作乡村摇滚。在乡村音乐中，节奏很重要，但乡村音乐并不会像摇滚乐那样强调节奏。电吉他是乡村音乐中最主要的乐器，但其他乐器也会出现。乡村音乐通常也强调弱拍，不过和布鲁斯音乐一样，它的歌词大多围绕着爱而不得的话题。

新世纪音乐（New Age music）①的受众通常要比乡村音乐或者摇滚乐小很多。许多喜欢新世纪音乐的人都信仰新纪元②的生活方式，不过有些人只是喜欢这类音乐而已。在新

---

① 介于电子音乐和古典音乐之间的新样式，又译作新纪元音乐。

② 新纪元运动（New Age movement）是20世纪七八十年代兴盛于欧美的一场社会与思想运动，它试图摆脱西方的文化传统，追求人与自然的和谐统一，强调自我反思、精神的觉醒。其追随者常热衷于通灵、神秘现象、替代疗法等。

世纪音乐中，节拍和节奏并不重要，音乐通常都很轻柔，很多人甚至把它们叫作"自然音乐"。很多新世纪音乐的录音里确实也会加入流水声、风声、海浪声和瀑布声。

接下来要讨论的就是无所不包的"流行乐"了。在商业上，流行乐无疑是最卖座的，其主要面向的是十几岁的青少年，因为他们是购买CD唱片数量最大的人群。流行乐通常也包含这一节提到的其他类型的音乐，尤其是摇滚乐。随着时间的推移，流行乐的风格已经发生了很大的变化，20世纪四五十年代流行的音乐，与八九十年代乃至现在流行的音乐已经大不相同了。如今，节奏更快、拍点更强的音乐变得越来越流行。

节奏布鲁斯是从布鲁斯和爵士衍生出来的一类音乐。它可以追溯到20世纪40年代初，也是摇滚乐的先驱。其在发展初期受"跳跃蓝调"和早期黑人福音音乐影响颇深。如今，节奏布鲁斯常与"灵魂乐"和放克音乐（funk，一种重视节奏的快速音乐，不那么强调旋律与和声）联系在一起。

福音音乐来自美国南方腹地，早期与黑人教会关系密切。福音音乐常被分为慢福音音乐和快福音音乐。

雷鬼乐来自牙买加，它以一种强烈的弱拍节奏为标志。虽然它也属于一种拉丁美洲音乐，但与拉美地区的其他音乐风格（如伦巴和探戈）差异较大。

在这一章的最后，我将讨论古典音乐。之所以放在最后，不是因为我觉得古典乐不重要，它当然很重要。它是最早的音乐形式，其他音乐类型多多少少都衍生自古典音乐。在古典音乐的大类里面，不同时期的音乐又被归入几种不同的风格，我会详细讨论每种风格，以及各自最知名的作品。

摇滚乐

摇滚乐起源于20世纪40年代末，它来源于爵士乐、布鲁斯，甚至还有早期的乡村音乐。实际上，早期的摇滚乐就被称为"乡村摇滚"（rockabilly），这个名字与乡村音乐的另一个名字"乡巴佬音乐"（hillbilly）有明显的联系。摇滚乐的英文名"rock and roll"的起源尚不确定，但美国南方地区有些早期的福音歌曲标题中包含"摇"（rocking）这个词。有人认为俄亥俄州克利夫兰的电台音乐主持人艾伦·弗里德（Alan Freed）是这个名词的发明者，他无疑也是让摇滚乐走入公众视野的人。弗里德在1952年组织了第一批摇滚音乐会，现场观众人山人海，音乐会大获成功。早期的摇滚音乐会的观众多为非裔美国人，但不久，越来越多的白人也来到现场，摇滚乐迅速开始流行。

最早的摇滚乐金曲之一要数乔·特纳（Joe Turner）1939年出的钢琴伴奏单曲《翻滚吧，皮特》（Roll 'em Pete）。1954年，他又以一首《摇，摇，摇》（Shake, Rattle, and Roll）冲上排行榜。当然，摇滚乐历史上不得不提的是猫王埃尔维斯·普雷斯利（Elvis Presley），1954年，他以一首《没关系的（妈妈）》走入人们的视野，随后他又推出了一系列热门歌曲，这都是众所周知的事了。同样在这段时间，比尔·哈利（Bill Haley）和彗星乐队的《终日摇滚》（Rock around the Clock）大受欢迎，它在美国唱片销量榜冠军的位置上盘踞了好几周之久，在英国和澳大利亚也取得了成功。

这个时期其他重要的摇滚音乐家还有查克·贝里（Chuck Berry）和小理查德（Little Richard）。小理查德在1955年推出了《什锦水果冰激凌》（Tutti Frutti），一下子进入人们视野。在接下来的几年里，他录制了50首歌曲，发行了两张专辑和9首单曲。他把布吉伍吉风格的钢琴演奏和强力的弱拍与福音风格的歌词结合在一起，在他之后的很多摇滚音乐家都称受到了他的深刻影响。其中一位就是杰里·李·路易斯（Jerry Lee Lewis），他和小理查德一样，起初是一名钢琴家。还有巴迪·霍利（Buddy Holly），很多人把他誉为摇滚之王。1959年，霍利死于飞机失事。

这一背景为所谓的"英国入侵"打下了基础。第一拨席卷美国的英国音乐家是披头士乐队：约翰·列侬（John Lennon）、保罗·麦卡特尼（Paul McCartney）、乔治·哈里森（George Harrison）和林戈·斯塔尔（Ringo Starr）。上了《埃德·沙利文秀》节目以后，他们在全球都有了知名度。之后几年里，他们发行了40多张排行榜冠军单曲和专辑，成为有史以来唱片销量最高的乐队。据估计，他们卖出了超过10亿张唱片和磁带。

摇滚乐最突出的特征是节拍。摇滚乐会加重弱拍，通常由小军鼓来完成演奏。在小理查德和杰里·李·路易斯的早期摇滚乐金曲中，钢琴在伴奏中扮演着主要角色，但不久，主角就换成了电吉他。不少早期摇滚乐曲目也用到了萨克斯，但之后的摇滚乐就用得不太多了。不过，键盘乐器一直被广泛使用。

那么，摇滚乐的主要特征是什么呢？早期的摇滚乐经常会使用一小节强调8拍的结构，与布吉伍吉类似，典型的模式如下：

音乐家在低音中也常使用分解八度或是八度双音，如下所示：

除此之外，不断重复的单音也经常出现。

先现音在摇滚乐中非常重要，如下所示：

先现音在右手的旋律中也常被使用。

简单的低音模式重复性太强了，音乐家有时会采用如下这种不错的变体：

杰里·李·路易斯最喜欢用的左手伴奏模式则是：

虽然这些模式看起来很像布吉伍吉的伴奏模式，但它们的演奏方式不同。在布吉伍吉中，演奏者通常会强调第二个音，但在摇滚乐中，所有的音都是重音。

布鲁斯（蓝调）

摇滚乐受布鲁斯音乐的影响很深。实际上，布鲁斯影响了多种类型的音乐，包括爵士、迪克西兰、蓝草、节奏布鲁斯、乡村音乐和流行音乐。最早的布鲁斯歌曲起源于在农田里劳作的黑人奴隶的对唱，早年非洲黑人就采用类似的歌唱形式。在对唱中，一群人唱出一句，然后另一群人发出回应。歌词通常讲的是个人的苦难、不景气的时光、残酷的经历、失去的爱人、压迫与悲惨的境遇。

布鲁斯首次出现大概是在1900年，1912年，锡盘巷[①]已经出版了好几首布鲁斯歌曲。最早的歌曲之一名为《孟菲斯蓝调》（Memphis Blues），由才华横溢的黑人音乐家W. C. 汉迪（W. C. Handy）创作。汉迪后来又写了流行一时的标杆《圣路易斯蓝调》（St. Louis Blues）。

20世纪40年代，跳跃布鲁斯开始盛行。这种风格的音乐引入一种花哨、快节奏的乐音，并且使用了此前的布鲁斯音乐未曾使用的多种乐器，如萨克斯和吉他。其他铜管乐器（如小号）也开始出现在这类音乐中。路易斯·乔丹（Louis Jordan）和"大个子"乔·特纳发表的跳跃布鲁斯音乐后来也影响了摇滚乐的发展。

路易斯·阿姆斯特朗、艾灵顿公爵（Duke Ellington）、B. B. 金（B. B. King）、马迪·沃特斯（Muddy Waters）、迈尔斯·戴维斯（Miles Davis），甚至鲍勃·迪伦（Bob Dylan），都为布鲁斯和跳跃布鲁斯做出了贡献。当然，埃尔维斯·普雷斯利和比尔·哈利也受到了他们的影响。虽然埃尔维斯早期的一些歌被归类为乡村摇滚，但许多音乐家认为他这一时期的音乐其实是"带有乡村节奏的布鲁斯"。而实际上，摇滚乐有时候也被称为"有基调强节奏的布鲁斯"。

---

① 源于纽约的流行歌曲出品制作地区，也泛指流行音乐出版界。——译者注

有些早期摇滚歌曲受到了布鲁斯的强烈影响，后者包括《约翰尼·B. 古德》（Johnny B. Goode）、《蓝色羊皮鞋》（Blue Suede Shoes）、《尽情摇摆》（Whole Lotta Shakin' Goin' On）、《摇，摇，摇》。令人意外的是，布鲁斯音乐甚至影响了我们现在视为古典音乐的音乐。乔治·格什温的《蓝色狂想曲》（Rhapsody in Blue）于1924年由爵士乐队指挥保罗·怀特曼（Paul Whiteman）首演，这首曲子把古典音乐与布鲁斯和爵士乐结合在了一起，立即取得了成功。《蓝色狂想曲》一直广受欢迎，如今，很多音乐会还会演奏它。

20世纪30年代初，12小节布鲁斯成为布鲁斯音乐的标准形式。它包含三段，每段4小节，采取I—IV—I—V—IV—I的和弦连接。以C调为例，这12小节就是C（4小节）—F（2小节）—C（2小节）—G（1小节）—F（1小节）—C（2小节）。通常最后两小节是用来即兴演奏的，即兴演奏是布鲁斯音乐的重要组成部分。

布鲁斯音乐非常依赖布鲁斯音，也就是降低半音的三音、五音和七音，也大量使用细碎的装饰音和三连音。在布鲁斯中，各种各样不同的节奏都会出现，布吉伍吉风格的低音也很常见，如下所示：

布吉伍吉

布吉伍吉低音在布鲁斯音乐、爵士乐，乃至摇滚乐中都非常重要，值得我们仔细探讨一下。这类低音结构通常由钢琴演奏，但有时也会由其他乐器来演奏，比如吉他。

布吉伍吉兴盛于20世纪30年代末和40年代初，它似乎发源于20世纪初美国南方伐木和提取松节油的营地，以及因石油而发展起来的新兴城市。早期的布吉伍吉音乐有多种形式，直到20世纪20年代末它才有了"布吉伍吉"这个名字。曾有人称这种音乐"每小节8个音"，因为它通常都是4/4拍，每小节有8个八分音符。

最早的布吉伍吉金曲之一是派恩托普·史密斯（Pinetop Smith）的《派恩托普布吉伍吉》（Pinetop's Boogie-woogie）。首张布吉伍吉唱片则是由新奥尔良的克拉伦斯·威廉斯（Clarence Williams）于1923年发行的。20世纪20年代，布吉伍吉风格开始遍地开花，风靡一时。乔治·托马斯（George Thomas）1923年的录音《五点列车》（The Fives）引入了一种新的右手钢琴演奏模式，迅速成为布吉伍吉的标准演奏方式。直到如今，音乐家在演奏布吉伍吉的时候也常会使用《五点列车》的右手模式。这首歌的左手则采用了更流行的伴奏模式，叫作"行进八度"，这是一种分解八度的模式。后来的布吉伍吉名曲有《酒馆火车布鲁斯》（Honky Tonk Train Blues）、《斯瓦尼河布鲁斯》（Swanee River Blues）和乔·特纳的《翻滚吧，皮特》。"大个子"乔·特纳1937年在卡内基音乐厅演奏了《翻滚吧，皮特》，为了纪念皮特·约翰逊（Pete Johnson）。

下面是一个更受欢迎的布吉伍吉低音演奏模式：

爵士乐

很多写爵士乐的人都说它难以定义，确实如此，它有多种不同的特征和形式。它和布鲁斯一样，使用了大量布鲁斯音，还使用了切分音、先现音、摇摆节奏、三连音、对唱应答，以及复合节奏。但爵士乐最重要的特征是强烈的节拍，也就是节奏。

爵士乐起源于南方黑人奴隶的民间音乐，在早期的新奥尔良也经常出现，尤其是在送葬队伍中。一种早期的爵士乐形式叫作拉格泰姆。1900年前后，前奴隶家庭出身、受过古典音乐教育的斯科特·乔普林写下了最初几首广为流传的拉格泰姆歌曲。他最出名的两首歌——《枫叶拉格》和《艺人》（The Entertainer）至今仍然很受欢迎，经常出现在音乐会上。拉格泰姆音乐甚至流向了锡盘巷，欧文·伯林（Irving Berlin）1911年发行了《亚历山大拉格泰姆乐队》（Alexander's Ragtime Band）。

另一类流行的爵士乐分支是迪克西兰。它在1900年前后的新奥尔良发展起来，并迅速传播至纽约和芝加哥。有人称迪克西兰为第一种"真正的"爵士乐，它也是第一种被称为爵士乐的音乐（大约在1913年）。迪克西兰爵士乐使用了多种乐器：小号、单簧管、吉他、钢琴、贝斯和鼓。它通常由小型乐队演奏，演奏出来的音乐中有很大一部分是即兴的。路易斯·阿姆斯特朗的乐队通常被认为是迪克西兰乐队。

有几支更大的乐队或乐团成为人们眼中的爵士乐队。艾灵顿公爵的乐队是其中最早的一支，艾灵顿本人也定下了早期爵士乐的标准。有趣的是，艾灵顿要求他的乐队成员都受过正规音乐训练，尽管爵士乐有很大一部分是即兴演奏的，且很多演奏家都几乎没有受过正规音乐训练。另一支出色的早期爵士乐队是保罗·怀特曼的乐队。我们在前面看到，他向大众介绍了格什温的《蓝色狂想曲》，也引入了其他爵士乐的标准。如今，他被誉为"爵士之王"。

唱片的发明给音乐产业带来了革命，它无疑也促进了爵士乐的发展。没过多久，唱片录音就广受欢迎。而在20世纪20年代，广播电台也开始播放爵士乐和其他流行音乐。20世纪20年代成为人们眼中的"爵士年代"。

20世纪30年代，爵士乐开始让位于"摇摆乐"。在很多方面，摇摆乐都只是另一种形式的爵士乐而已，很多人都称它为"摇摆爵士"。爵士乐仍然流行，而随着乐队规模变大，很多乐队开始侧重于摇摆爵士乐。本尼·古德曼（Benny Goodman）的乐队就是其中之一，艾灵顿公爵和保罗·怀特曼的乐队也仍然处在音乐世界的中心。摇摆乐可以让人跟着跳舞，它以强烈的节奏和适中到较快的速度为特征。其他知名的摇摆乐队有贝西伯爵（Count Basie）、阿蒂·肖（Artie Shaw）、吉恩·克鲁帕（Gene Krupa）和格伦·米勒（Glenn Miller）的乐队。当时重要的音乐家有钢琴家泰迪·威尔逊（Teddy Wilson）、颤音琴演奏家莱昂内尔·汉普顿（Lionel Hampton）、小号演奏家迪齐·吉莱斯皮（Dizzy Gillespie），当然，更少不了伟大的路易斯·阿姆斯特朗。

20世纪40年代，出现了一种新的爵士乐类型，叫作比波普（也称波普）。比波普与摇摆乐截然不同，大多数情况下，它是不能作为跳舞的背景音乐的。很多人称比波普为"音乐家的音乐"。它的特征是具有独特的节奏。最出名的三位早期比波普音乐家是查理·帕克（Charlie Parker）、迪齐·吉莱斯皮和塞隆尼斯·蒙克（Thelonius Monk）。

20世纪50年代，从传统爵士中又分流出好几种不同的类型，如自由爵士、酷派爵士以及后来的融合爵士。所有这些类型都源于比波普，但结构没有之前的爵士乐那么严谨。自由爵士的和声与节奏非常松散，酷派爵士是比波普和摇摆乐的混合产物，而融合爵士则是爵士乐与摇滚乐的融合。

20世纪八九十年代，在温顿·马萨利斯（Wynton Marsalis）、小哈里·康尼克（Harry Connick Jr.）等人的推动下，传统爵士出现了一次复兴。马萨利斯是新奥尔良一位知名的小号演奏家，康尼克则是钢琴家和歌手，也出身于新奥尔良。

让我们回到一开始的问题：如何定义爵士乐？它的核心特征是什么？简单来讲，爵士乐就是一种节奏性强的音乐，大量借鉴了布鲁斯音乐——它使用了布鲁斯音、切分音、先现音、三连音，等等。不过，爵士乐有两个特征是独特的：一是即兴演奏；二是高叠和弦。即兴演奏是爵士乐的重要组成部分，很多爵士乐都是当场即兴演奏出来的。此外，如果没有替代和弦或是高叠和弦，爵士乐也不能被称作爵士乐了。高叠和弦会产生一种轻微不协和的声响效果，而这正是所有爵士音乐家热爱的特征。

乡村音乐

乡村音乐如今是最流行的音乐类型之一。在美国，它的听众群体很庞大，全美国播放乡村音乐的广播电台比其他所有类型的都要多，包括流行音乐。乡村音乐起源于早期的民间音乐和福音音乐，通常被称为"旧时光"音乐。最早的乡村音乐被称为"乡巴佬音乐"，但到了20世纪40年代初，人们改称它为"乡村音乐"，因为"乡巴佬音乐"这个词有歧视意味。

大部分乡村音乐都受到两派影响：吉米·罗杰斯（Jimmie Rogers）和卡特家族（the Carter family）。吉米·罗杰斯常被看作乡村音乐界第一位巨星，他写的歌曲都与普通人的困境有关——失去的爱人、女人、喝酒、生与死。尽管他的职业生涯只持续了6年——36岁就死于肺结核，但他对整个乡村音乐界影响深远。1927年，他被星探拉尔夫·皮尔（Ralph Peer）相中，由此成名。最著名的歌曲是《蓝色约德尔》（Blue Yodel）和《我在监狱里》（I'm in the Jailhouse Now）。

卡特家族也由拉尔夫·皮尔发掘，差不多在他发掘吉米·罗杰斯的同一时间。这个组合由 A. P. 卡特、他的妻子萨拉和他的弟媳梅贝尔组成。A. P. 是团长，萨拉是主唱，梅贝尔是吉他手。A. P. 是团队的创作核心，他穿行于家乡弗吉尼亚州梅斯泉附近的山间，收集民间歌曲，也创作了不少歌曲。萨拉和梅贝尔负责编曲，萨拉有一副美丽的歌喉，梅贝尔则有独特的吉他演奏风格。之后的许多歌手都受到了萨拉的影响，包括佩茜·克莱恩（Petsy Cline）、基蒂·韦尔斯（Kitty Wells）、洛丽塔·琳恩（Loretta Lynn）、多莉·帕顿（Dolly Parton），以及琼·卡特·卡什（June Carter Cash），这还只是一小部分。

吉米·罗杰斯的音乐是写给工人阶级的，涉及了他有切身体会的话题：爱情、困难，等等。卡特家族的音乐则基本上都是传统民间音乐。在吉米·罗杰斯和卡特家族之后出现的乡村音乐，也遵循着这两条路线之一。吉米·罗杰斯这一支最出名的歌手是汉克·威廉姆斯（Hank Williams），他创作的主题以爱情、心碎与苦恼为主，不过也有一些欢快的歌曲，如《什锦菜》（Jambalaya）和《嘿，漂亮姑娘》（Hey, Good Lookin'）。他最知名的两首歌是《你欺骗的心》（Your Cheating Heart）和《我无能为力（如果我仍然与你相爱）》[I Can't Help It（If I'm Still in Love with You）]。至今他的音乐到处仍能听到，对音乐界产生了极大的影响，尽管他的生命如此短暂——年仅29岁时就去世了。

如今的乡村音乐有多种风格，其中一些主流风格包括：

· 纳什维尔之声

· 西部摇摆

· 传统西部音乐（罗伊·罗杰斯、吉恩·奥特里）

· 贝克斯菲尔德之声

· 酒馆音乐

· 叛道乡村音乐

· 蓝草音乐

· 摇滚乡村音乐

如今的乡村音乐中最大的一个流派是纳什维尔之声，它诞生于1960年前后，并迅速席卷了整个乡村音乐界。切特·阿特金斯（Chet Atkins）等制作人把这个流派的乡村音乐变成了市场上最具商业价值的音乐类型。纳什维尔之声以柔和的人声、弦乐和背景和声为特色，最知名的艺术家包括吉姆·里夫斯（Jim Reeves）、乔治·琼斯（George Jones）、佩茜·克莱恩和塔米·怀内特（Tammy Wynette）。大约在同一时期，钢琴家弗洛伊德·克拉默（Floyd Cramer）发展出了钢琴上的"滑奏"技术，不久之后它就成为纳什维尔之声的标准演奏手段。

纳什维尔的老大剧院（Grand Ole Opry）在推广纳什维尔之声上起了很大作用。几乎所有知名的乡村歌手都在老大剧院的舞台上表演过，包括约翰尼·卡什（Johnny Cash）、埃迪·阿诺德（Eddie Arnold）、乔治·琼斯和克里斯·克里斯托弗森（Kris Kristofferson）。

20世纪70年代初，有很多音乐家脱离了纳什维尔之声，建立了"叛道乡村音乐"流派。其中包括韦伦·詹宁斯（Waylon Jennings）、威利·尼尔森（Willie Nelson）和克里斯·克里斯托弗森。20世纪80年代，巴克·欧文斯（Buck Owens）和德怀特·约库姆（Dwight Yokum）开创了"贝克斯菲尔德之声"。

乡村音乐有什么样的特征呢？乡村音乐的左手有很多

节奏模式，其中大多数是相对简单的，一个典型的左手模式如下：

以钢琴为例，乡村音乐中钢琴的右手通常会扮演更为重要的角色。右手常使用分解和弦，也常使用下图所示的上行或下行走向：

不过，最重要的还是弗洛伊德·克拉默的锤音和伴音。伴音是旋律音上面的一个音，通常是根音，有时是五音，在同一个乐句里，伴音永远是同样的音高：

锤音则是一个滑奏音，它就好像一个弹错了的装饰音一样，在乐谱上如下所示：

伴音和锤音一被引入，就在乡村音乐的演奏中占据了牢固的位置。

以上举的是钢琴(键盘)的例子,但这类演奏方法同样适用于吉他——乡村音乐中最主要的乐器。

新世纪音乐

新世纪音乐与前面提到的类型截然不同。在新世纪音乐中,节奏并不是主要特征,相反,大多数新世纪音乐几乎没有什么节奏,或者至少没有强调节奏。不过,新世纪音乐仍有不少受众。这类音乐兴起得较晚,但它很大程度上依赖于前几个世纪的音乐。

"新世纪"(New Age)这个词指的不仅仅是音乐,也是一种生活方式,许多书店和音乐商店都迎合着这种生活方式。新世纪音乐的很多受众都信仰新纪元的生活方式,但也有不少人只是喜欢音乐而已。去听一场乔治·温斯顿(George Winston)或是雅尼(Yanni)的音乐会,你就能看到这类音乐的受众是什么样的了。

新世纪音乐很大程度上是电子的,也就是说,依赖电子乐器来演奏。不过其他乐器也很重要,尤其是原声钢琴。有时,音乐家会使用一些非常奇怪的乐器或是声音。新世纪音乐大多是器乐,它们的旋律十分好听,但缺乏舞蹈性,而且具有高度的重复性。

有人会把新世纪音乐称为"自然音乐"或者"瀑布音

乐"。确实，这类音乐有时会采用来自大自然的声音。新世纪音乐通常与放松和冥想有关，因此它听起来比较安宁、简单。常见的主题包括宇宙、空间、自然、环境、幸福，以及与世界和谐共处。

比较著名的新世纪音乐家有乔治·温斯顿、大卫·兰兹（David Lanz）、雅尼、莉兹·斯托里（Liz Story）和吉姆·布里克曼（Jim Brickman）。温斯顿的专辑《十二月》（December）卖出了数百万张，而雅尼在电视和音乐会方面都大获成功。有趣的是，比较成功的新世纪音乐家都不喜欢人们给自己贴上新世纪音乐的标签。布里克曼经常说自己的音乐属于"成人时代"风格，而兰兹则称自己的音乐属于"当代器乐"。

新世纪音乐的特征如下：

· 速度较慢或适中

· 旋律具有高度重复性

· 钢琴音乐左手常用琶音

· 主要采用自然音阶的和声

· 常用五声音阶

· 常用七度、九度和十一度

· 有时会使用来自大自然的声音

新世纪钢琴音乐左手的典型模式如下：

有时音乐家也会把这类模式拖长。对于右手，新世纪音乐则常用簇状和弦，如下所示：

流行乐

"流行乐"是个笼统的术语，包含了好几种不同类型的音乐。流行乐基本上都有舞蹈性的节拍、简单的旋律，以及重复的结构。摇滚、节奏布鲁斯和其他几种音乐类型都会出现在"流行乐"排行榜上。流行乐最主要的特点是非常商业化，主要体现在 CD 和 DVD 的销量上。流行乐市场受青少年的喜好影响很大，因为他们是 CD 和 DVD 最主要的购买群体。

随着时间推移，流行乐自然也会发生很大的改变。20 世纪四五十年代，流行乐以宾·克罗斯比（Bing Crosby）、弗兰克·辛纳特拉（Frank Sinatra）、迪恩·马丁（Dean Martin）和佩吉·李（Peggy Lee）的音乐为主，这些音乐大多比较平缓，不太强调"节拍"。而后，到了 20 世纪五六十年代，随着埃尔维斯·普雷斯利、滚石和披头士的出现，流行乐发生了显著变化。摇滚乐诞生以后，强劲的节奏成了大部分流行音乐的标配。不过，在这个时期，也有些非摇滚音乐家受到大家的欢迎，包括海滩男孩（the Beach Boys）、至上女声三重唱（the Supremes）、尼尔·戴蒙德（Neil Diamond）、伯特·巴卡拉克（Burt Bacharach）、雷·查尔斯（Ray Charles）和史蒂维·旺德（Stevie Wonder）。

后来，到了20世纪70年代，比利·乔尔（Billy Joel）、艾尔顿·约翰（Elton John）、杰克逊五兄弟、卡朋特乐队、奥莉维亚·纽顿－约翰（Olivia Newton-John）等歌手或乐队开始走红。这个时期被称为"迪斯科时代"。20世纪80年代，最具影响力的歌曲是迈克尔·杰克逊的《颤栗》（Thriller），不过麦当娜在这期间也获得了相当大的人气。到了20世纪90年代，最知名的歌手则变成了布兰蒂（Brandy）、赛琳娜（Selina）、席琳·迪翁（Celine Dion）、雪儿·克罗（Sheryl Crow）、埃里克·克莱普顿（Eric Clapton）和珠儿（Jewel）。到了21世纪前十年，排行榜上的名字则换成了布兰妮·斯皮尔斯（Britney Spears）、瑞奇·马丁（Ricky Martin）和杰西卡·辛普森（Jessica Simpson）。

节奏布鲁斯

节奏布鲁斯（通常简称R&B）把爵士乐、福音音乐和布鲁斯音乐结合在了一起。它诞生于20世纪40年代，是一种有摇摆节奏的音乐，常用一种类似于布吉乐的低音和很强的基调节奏。与爵士乐一样，R&B音乐也常以12小节为单位，从很多方面都可以看作摇滚乐的先驱。除了受爵士乐影响外，R&B也受到了跳跃布鲁斯和福音音乐的很大影响。大多数早期的R&B音乐家其实是爵士音乐家。

有些早期爵士乐队，如贝西伯爵和莱昂内尔·汉普顿，其实主要是R&B乐队。早期的R&B金曲有"胖子"多米诺（Fats Domino）的《蓝莓山》（Blueberry Hill）、《那不会很遗憾吗》（Ain't That a Shame），还有杰里·李·路易斯的《尽情摇摆》（这首歌主要属于R&B，虽然它同时上了多种音乐分类的榜单）。

20世纪60年代，很多R&B音乐走上了福音方向，有时被称为"灵魂乐"。录制灵魂乐唱片的艺术家有詹姆斯·布朗（James Brown）、雷·查尔斯和山姆·库克（Sam Cooke）。

福音音乐

福音音乐指的是源于早期非裔美国人教会的歌曲。最早表演福音音乐的艺术家有马哈丽亚·杰克逊（Mahalia Jackson）和罗塞塔·撒普修女（Sister Rosetta Tharpe）。卡特家族也录下了不少福音歌曲。本质上讲，福音音乐是教会音乐，也就是宗教音乐。它分为几类，包括黑人福音、南方福音、基督教乡村福音。如今，大部分当代基督教音乐都采用了流行乐或摇滚乐的形式，只是歌词内容主要是歌颂基督。

福音音乐常被分为慢速福音和快速福音。像《奇异恩典》、《与主亲密无间》（Just a Closer Walk with Thee）和《古旧十架》（The Old Rugged Cross）这样的老歌都属于慢速福音歌曲。快速福音歌曲的节奏会更快，融入了很多摇滚和R&B的元素。钢琴的左手模式类似于摇滚音乐的左手模式，如下所示：

右手则同样充满旋律性。

雷鬼乐

雷鬼乐来自20世纪60年代末的牙买加。其以弱拍的规律性"切菜"节奏为特征，这种节奏被称为"尚克"（shank）。早期一种速度非常快的雷鬼乐被称为"斯卡"（ska）。雷鬼乐中最主要的乐器是吉他、鼓和贝斯，有时也会使用键盘。雷鬼乐通常是4/4拍，和声相对简单，其最主要的特征是强烈的弱拍节奏。一个简单的雷鬼节奏样例如下：

拉丁美洲音乐和夏威夷音乐

随着电视上跳舞文化的发达，很多人开始接触伦巴、探戈等拉丁舞。拉丁美洲音乐富有节奏性，非常适合跳舞。除了伦巴和探戈以外，比较出名的拉丁美洲音乐还包括波莱罗和卡里普索。伦巴、波莱罗、探戈的节奏如下图所示：

伦巴　　　　　波莱罗　　　　　探戈

在探戈音乐中，节奏完全由左手掌握，左手一般只包含一个低音和分解和弦。

"夏威夷音乐"指夏威夷群岛上的一系列音乐，既包含民间音乐也包含现代摇滚歌曲。夏威夷民间音乐通常是宗教性的，且经常包含吟咏，但夏威夷也有一种舞曲——草裙舞。草裙舞通常由扭动着臀部的少女表演，它是最受欢迎的夏威夷舞蹈之一。

多年来，有很多夏威夷歌曲被人们口耳相传，包括《夏威夷婚礼之歌》（The Hawaiian Wedding Song）、《蓝色夏威夷》（Blue Hawaii）、《甜美的蕾拉尼》（Sweet Leilani）、《我的小草屋》（My Little Grass Shack）、《在怀基基海滩上》（On the Beach at Waikiki）、《小泡泡》（Tiny Bubbles）和《珊瑚礁的那一边》（Beyond the Reef）。其中大部分都是非常传统的夏威夷歌曲，旋律和节奏都很简单，由夏威夷吉他伴奏。

吉他由早期欧洲的航海员与传教士带到夏威夷，随后立即成为夏威夷群岛居民最爱的乐器。钢棒吉他（也称夏威夷吉他）尤为流行。1900年前后，约瑟夫·凯库库（Joseph Kekuku）将一把吉他的音调低，然后利用一根钢棒在上面滑动，这就是夏威夷吉他的雏形。最常见的夏威夷吉他是用手指弹奏的，叫松弦吉他，因为这种吉他的弦相对比较松。

早在1915年，夏威夷音乐的唱片就在美国受到了欢迎，而1930至1960年有时也被称为夏威夷音乐的黄金年代。整个美国有各种各样的大乐队和乐团都在演奏夏威夷音乐，其中最著名的歌手是何大来（Don Ho），他最著名的歌曲是《小泡泡》。

古典音乐

之所以最后才讲古典音乐，不是因为它最不重要。相反，古典音乐非常重要，所有音乐都继承了它的遗产。如今，它的受众不如我上面介绍的几种音乐多，但还是很可观的。

古典音乐涵盖了从中世纪早期到20世纪初的大部分音乐，在1550至1900年间最为盛行。如今，很多人认为古典音乐属于阳春白雪，因为它通常与美术和文化联系在一起，但它曾经也是当时的"流行音乐"。古典音乐与如今的大部分音乐不同的是，它总是写在纸上的，虽然很多早期的钢琴家也是优秀的即兴演奏家。不过现如今，很少有古典钢琴家即兴演奏了。古典音乐很注重形式，而且很多时候在技术上也很深奥，比其他种类的音乐更难听懂。

如今我们所说的古典音乐，在很长时间里并不叫"古典音乐"这个名字。"古典音乐"这个说法是19世纪初的时候才出现的。古典音乐的历史可以按照时间顺序分为几个时期，总结在表11中。

表11 古典音乐的几个时期

时期	大体的时间段	描述	代表性的作曲家
中世纪	1450年之前		
文艺复兴	1450—1600	更多地使用乐器；开始使用低音乐器	
巴洛克	1600—1750	使用精致的装饰音和新的乐器演奏技巧。羽管键琴仍在使用，但逐渐开始被钢琴替代	维瓦尔第、J. S. 巴赫、斯卡拉蒂、亨德尔

时期	大体的时间段	描述	代表性的作曲家
古典	1750—1820	更强调简单的旋律和伴奏；有清晰定义的曲式（如奏鸣曲式）	C. P. E. 巴赫、海顿、莫扎特、贝多芬①
浪漫	1820—1900	更关注旋律和节奏	贝多芬、帕格尼尼、舒伯特、肖邦、舒曼、李斯特、瓦格纳、勃拉姆斯、柴可夫斯基、格里格、拉赫马尼诺夫
现代	1900—2000	试验新的声音效果	德彪西①、普罗科菲耶夫、科普兰、斯特拉文斯基、西贝柳斯、勋伯格、伯恩斯坦

　　古典音乐与几种重要的乐曲形式密切相关，其中最重要的一种就是奏鸣曲，这是一种包含多乐章的乐曲形式，可以是独奏（比如钢琴独奏），也可以是合奏（比如钢琴和小提琴合奏）。也有不少奏鸣曲是为小型弦乐组甚至乐队写作的。标准的奏鸣曲包含四个乐章：第一乐章较快，第二乐章较慢，第三乐章是小步舞曲，第四乐章则又相对快。另一种重要的古典乐曲形式是协奏曲，通常由钢琴（或其他独奏乐器）和乐队一同演奏，协奏曲也包含几个乐章。此外，古典音乐中还有为整个交响乐团创作的交响曲，以及古典时期所有知名

---

　　① 贝多芬、德彪西的时期归属在音乐界存有争议。——译者注

作曲家都会创作的歌剧。除了这些大型曲目以外，作曲家也会写一些篇幅较短的小作品，如夜曲、叙事曲、前奏曲、练习曲和即兴曲。

巴洛克时期音乐的特征是精致的装饰音，这个时期也是乐器演奏技巧不断革新、记谱法发生改变的时期。在巴洛克时期，人们开始认为音乐应当表达真实生活中的情感，于是音乐也更注重在情感上打动听众。也正是在这一时期，歌剧成为一种主要的音乐形式，你也能猜到，歌剧发展的早期阶段（同时也是巴洛克早期阶段），最有影响力的作曲家都是意大利人。安东尼奥·维瓦尔第（Antonio Vivaldi）和多梅尼科·斯卡拉蒂（Domenico Scarlatti）都是意大利人。不过，随着时间的推移，巴洛克晚期逐渐由德国人所统治。两位最伟大的巴洛克作曲家——J. S. 巴赫和乔治·弗里德里希·亨德尔（George Frideric Handel）都是德国人。亨德尔最著名的作品是清唱剧《弥赛亚》（*Messiah*）。

紧随着巴洛克时期的是古典时期，该时期最著名的音乐家是莫扎特。莫扎特35岁时就英年早逝，很难想象一个人能在这么短的时间里做出这么大的贡献。他小时候是个神童，5岁时就开始作曲，在十几岁之前就开始巡游欧洲，演奏小提琴和键盘乐器（羽管键琴居多，当时的钢琴还没有被广泛使用）。他创作的奏鸣曲直到如今还广受欢迎。此外，他还写了不计其数的交响曲、协奏曲、歌剧与弦乐四重奏。莫扎特最著名的歌剧有《唐璜》(*Don Giovanni*)、《费加罗的婚礼》(*The Marriage of Figaro*)和《魔笛》(*The Magic Flute*)。他的作品至今仍频繁出现在古典音乐会的曲目单上。

这一时期的另一位伟大作曲家是贝多芬，他写了9部交响曲、5部钢琴协奏曲，还有大量给室内乐或乐团所作的作品，以及32首钢琴奏鸣曲和有钢琴伴奏的其他乐曲。他作为作曲家的创造力在《第三交响曲"英雄"》中体现得淋漓尽致，这首交响曲和随后的《第五交响曲》都位列当代听众最喜欢的曲目行列。最惊人的是，贝多芬在听力下降，最后接近全聋的时候，仍然谱写了7部交响曲、3部钢琴协奏曲、数首钢琴奏鸣曲、一部歌剧和其他音乐。他的钢琴奏鸣曲中最出名的有优美的《"月光"奏鸣曲》和《"热情"奏鸣曲》。他在很多方面改变了古典音乐，把奏鸣曲、交响曲和协奏曲变成了宏大的音乐形式。

在浪漫时期，肖邦也创作了大量的音乐，不过绝大部分都是为钢琴而作的。肖邦也是一名神童，8岁时被誉为"新莫扎特"，不过18岁时他遭遇了一场精神疾病，之后也时不时地被病魔折磨，直到39岁时去世。他最受欢迎的钢琴作品包括《降A大调波洛奈兹舞曲"军队"》《幻想即兴曲》和《降E大调夜曲》。

浪漫时期的另一位著名作曲家弗朗茨·李斯特与肖邦形成了鲜明对比：他个性张扬，想成为人们注意力的焦点。他在当时是绝对的钢琴炫技大师，也是有史以来最伟大的钢琴家之一，对古典音乐产生了重要影响。李斯特也是位高产的作曲家，但是他写的作品对当时的演奏家来说太难了。例如，他的炫技作品《匈牙利狂想曲》系列，当时除了他之外，几乎没有别人可以演奏。他也写了不少优美的练习曲。最为人熟知的作品或许是一首梦幻般的夜曲《爱之梦》。

浪漫时期结束于20世纪初，紧接着的就是现代时期，这个时期出现了很多风格迥异的音乐作品。现代主义作曲家开始尝试新的音乐形式，其中融入了不规则的节奏、新的音阶、无调性（没有固定的调）和印象主义音乐，这些声响违背了当时听众的欣赏习惯，很多人觉得现代音乐难以理解。不过，随着时间推移，现代音乐还是逐渐被大众接受了。现代时期早期的作曲家有德彪西（他的风格横跨了浪漫时期和现代时期）以及理查德·施特劳斯，后来的斯特拉文斯基和普罗科菲耶夫则要比他们激进许多。

古典音乐的一大重要特征是历久弥新。许多有几百年历史的古典音乐片段在今天仍然有人演奏。大多数音乐家早年都受过古典音乐训练，他们之后可能会投身其他类型音乐的创作，但大家都认为，任何严肃的音乐家都需要受过古典音乐的基础训练。

第三部分

乐器

第 8 章　钢琴与羽管键琴有什么差别？

　　鲁宾斯坦（Arthur Rubinstein）演奏完一首贝多芬奏鸣曲以后，慢慢把手放下。台下爆发出热烈的掌声。他站起来，鞠躬，掌声更加热烈，有人开始喝彩。他再次鞠躬，离开舞台。他消失在幕布之后，掌声仍经久不息，然后他又突然出现，快速走向钢琴。在他坐下之后，整个演奏厅突然安静下来，他演奏出肖邦的一首波罗奈兹舞曲的前几个音，人群中传来一阵欣喜的欢呼。

　　我曾有幸听过鲁宾斯坦和其他古典钢琴家（如范克莱本和何塞·伊图尔维）的表演，也听过彼得·内罗（Peter Nero）、李伯拉斯（Liberace）和罗杰·威廉斯（Roger Williams）。罗杰·威廉斯还在我工作多年的大学里获得了一个学位。所有了解威廉斯的人都知道他在茱莉亚音乐学院学习过，但很少有人知道他也在爱达荷州立大学获得过学位。

有趣的是，他也在德雷克大学主修过音乐，但因为在排练室演奏《情雾迷蒙你的眼》（Smoke Gets in Your Eyes）而被开除了。

钢琴真是一件不可思议的乐器，问问任何一位钢琴家，他们都会对钢琴充满敬畏。我必须得承认，我弹了很多年钢琴，才真正理解了它的工作原理。看到琴槌击打琴弦很容易，但钢琴发出的声音实在太大了，我实在难以理解为什么击弦能发出这么大的声音。最后，我才发现，大部分声音不是从弦上来的，而是来自巨大的音板。乐器的声音要被人们听到，就得让大量空气发生振动，而光靠钢弦是做不到这一点的。但如果把弦与音板相连，弦就可以把声音传给音板，让音板把声音放大。简而言之，音板让大量的空气振动起来，这些振动的空气冲击你的鼓膜，你才能听到声音。

钢琴之所以这么受欢迎，是因为它是为数不多的能同时演奏旋律与和声的乐器之一。从这个方面来讲，它犹如一支管弦乐队。

钢琴的起源

看看钢琴内部，你就会发现它是一种相对复杂的乐器。它有几千个可以移动的部件，还有几百根弦。最初的钢琴并没有这些部件，它们是经过多年的演化才出现的。钢琴起源于几百年前一类简单得多的弦乐器。这类乐器中最早的两种是索尔特里琴（psaltery）和扬琴。索尔特里琴非常古老，在《圣经》里就有记载。它的主体是一个框架或挖空的葫芦，琴弦绷在两端之间，通过弹拨琴弦来演奏，如图66所示。扬琴起源于12世纪，与索尔特里琴类似，不过扬琴是用木质的小槌击打琴弦来演奏的。

图66　演奏索尔特里琴的女孩

除了都是弦乐器，索尔特里琴、扬琴与现代钢琴几乎没有共同点。在从简单的弦乐器发展到我们如今所知的复杂乐器的过程中，琴键的出现是第一步。琴键首先出现在管风琴上，在15世纪被应用在弦乐器上。首先使用琴键的是击弦古

钢琴。它衍生自毕达哥拉斯用来研究不同弦振动的相关性的
单弦琴。击弦古钢琴有大约20根弦，通过楔槌击打琴弦发声
（见图67）。楔槌可以击打同一根弦的不同部位，形成不同的
振动模式。琴弦短的一端上面有一个制音器，可以阻止它振
动。击弦古钢琴有两个方面跟钢琴很像：它的琴弦是金属的，
且它也有音板（虽然没有跟安装琴弦的框架连接起来）。

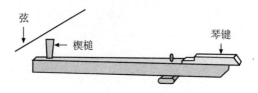

图67　击弦古钢琴中击打琴弦的装置

　　击弦古钢琴很多年来都是人们最喜欢的家庭乐器之一，
当时很多人家里都有一台。不过这件乐器有个严重的问题：
它的响度可以通过改变按下琴键的力度来细微调整，但它发
出的声音比较小，因而不适合公开演奏。

羽管键琴

　　要想让琴的声音稍微大一点，有一种办法是用拨弦代替
击弦，就像演奏索尔特里琴那样。最早利用这类原理的键盘
乐器诞生于1400年前后。在这类乐器中，琴键与一个木杆相
连，被称为顶杆。顶杆中有一根舌条，上面固定着一个羽毛

管做的拨子，见图68。按下琴键的时候，顶杆会抬起来，羽毛管拨动琴弦，然后再往回落。通过一种精妙的铰链结构，舌条回到原位的时候琴弦不会再次碰到羽毛管。

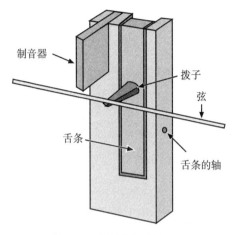

图68　羽管键琴拨弦的机制

首次使用这种装置的琴被称为维吉那琴。它们体形很小，呈长方体，每个音对应一根琴弦，与键盘平行。大约同一时间，出现了一种小型立式琴，它与维吉那琴类似，但弦与键盘成一角度，成对排列，顶杆位于一对弦之间。维吉那琴与小型立式琴都是如今我们所说的羽管键琴的早期形式，但现在所说的羽管键琴要更加先进一些，形状与如今的三角钢琴类似。

随着发明家不断改进早期的羽管键琴，羽管键琴的弦越来越长，弦的张力越来越大，音板也越来越大了。最终，弦变得实在太长，因此只能垂直于键盘排列。这也让羽管键琴的形状发生了变化，高音的弦比低音短得多，而为了适应弦长的差异，琴身也采取了类似于翅膀的形状，与如今的三角钢琴很像（见图69）。为了减轻弦的声音，发明家还给琴加上了踏板。

图69　早期的羽管键琴

第一批羽管键琴是在意大利制造出来的，琴身材料都很轻，弦的张力也小，因此这种琴的声音比较轻柔。不过，1580年前后，佛兰德斯的汉斯·鲁克斯（Hans Ruckers）开始制造更加结实的琴。他增加了琴弦的长度，提高弦的张力，用更重的材料建造琴身，还用了云杉木作为音板。他的制造技术领先了几年，成为羽管键琴制造业的标准，但没过多久，法国、德国和英国的制琴师也开始制造这样的羽管键琴。法国琴采用了更多的琴键（包含5个八度），还可以改变被拨动的琴弦组合，德国和英国的制琴师也为羽管键琴的改进做出了贡献。

在某一段时期，羽管键琴极为盛行，但钢琴诞生后，羽管键琴逐渐受到冷落。有趣的是，近年来，羽管键琴又迎来了复兴。在这股复兴潮流中扮演了重要角色的是波兰演奏家万达·兰多夫斯卡（Wanda Landowska），她被公认为当代最伟大的羽管键琴演奏家，有几家羽管键琴制造商专门为她定制了琴。她尤其喜爱巴赫，曾跟另一位演奏家说："你以你的方式演奏巴赫，我以巴赫的方式演奏巴赫。"巴赫的大多数键盘音乐都是在羽管键琴上写出来的，不过如今大多数人都用钢琴来演奏。兰多夫斯卡想让大家听到巴赫写下这些曲子的时候它们听起来的样子，而她的音乐会和录音也都很受欢迎。

最近，有几位流行音乐家在录音中也使用了羽管键琴。披头士和沙滩男孩乐队都在录音里用到了这种乐器。吉米·亨德里克斯（Jimi Hendrix）也用过，琳达·朗斯塔特（Linda Ronstadt）在《长长的时光》（Long, Long Time）中也用过。羽管键琴偶尔也会出现在电视上，《劳伦斯·韦尔克秀》常用到这种乐器，复播时也用到了。20世纪70年代的电视节目《帕特里奇一家》的背景音乐里也用了羽管键琴。有趣的是，多莉·艾莫斯（Tori Amos）在《周六夜现场》里也演奏过一台羽管键琴。20世纪90年代，宝拉·阿布杜（Paula Abdul）在录制畅销金曲《风中飞吻》（Blowing Kisses in the Wind）时也使用了羽管键琴。

随着羽管键琴的复兴，仍有人在制造新的羽管键琴。美国马萨诸塞州弗雷明汉的哈伯德羽管键琴厂就是一家制造商，不过生产的更多是配套组件。如今，羽管键琴数量较少（相比于钢琴的数量而言），最主要的原因当然是它缺乏力度变化。你无法改变它发出的声音。

钢琴

如何才能改进羽管键琴，让它拥有更多的强弱变化呢？我们可以延长弦的长度，提高它的张力。这件事已经有人做过了，当然也有效果，但对于拨弦乐器来说，增加弦长、提高张力的范围很有限。事实证明，要增加强弱变化，只能采用一种完全不同的方法。羽管键琴是基于索尔特里琴的原理制成的，也就是拨弦。但制造键盘乐器还有另一种思路，就是像扬琴那样用一个小槌来击打琴弦。用这种方法来制造键盘乐器的难点则在于，击弦的力度要相对大，击打之后小槌要快速离开琴弦。以中央 C 为例，它在击弦后的 0.0038 秒内就得弹回去。

第一个解决这个问题的是意大利帕多瓦的巴尔托洛梅奥·克里斯托福里。克里斯托福里生于 1655 年，既是名音乐家，也是位发明家。在他 33 岁时，他的作品引起了佛罗伦萨美第奇家族的斐迪南亲王的注意（美第奇家族也是支持米开朗琪罗的家族）。斐迪南热爱音乐，拥有很多珍贵的乐器，他想找个人来负责维护这些乐器。斐迪南还想改进羽管键琴的设计，这也是他找到克里斯托福里的原因，因为后者已经以发明家的身份广为人知。一开始，克里斯托福里不愿意离开帕多瓦，但斐迪南给他提供了诱人到无法拒绝的待遇：一所自己的房子、一家商店、几名助手和不错的薪水。

1700 年前后，克里斯托福里开始研制后来被称为钢琴的乐器，但他直到 1709 年才公之于众。这个阶段的钢琴还非常粗糙，虽然使用了琴槌，但击弦速度比较慢，因此无法在弦开始振动以后迅速离开琴弦。克里斯托福里继续改进这种新式乐器，到 1720 年，他想到一种给琴槌加速的巧妙办法。他采用一种小型的"弹弓"，把琴槌的速度提高三倍。他还采用了更重的弦，提高琴弦的张力。此外，琴槌每次会敲击两根弦，而非一根。琴槌的头部用压缩的纸来制造，以减轻重量，再以皮革包裹。钢琴的音板则以一个骨架来支撑，防止弯曲变形。

克里斯托福里把这种新乐器叫"强弱琴"（pianoforte，在意大利语中是"强弱"的意思，中文译为钢琴）。之所以选这个名字，是因为新乐器和羽管键琴不同，可以发出很大的声音，也可以发出很轻的声音。你可能会想，既然有了力度变化这一优势，那钢琴想必会快速取代羽管键琴，成为最时兴的键盘乐器，但事实并非如此。当时的人们也对羽管键琴做出了许多改进，而且第一批钢琴的声音并没有比羽管键琴大多少，听起来跟羽管键琴差不多。

巴赫就不喜欢最初的钢琴。他觉得钢琴手感很硬，很难演奏。但克里斯托福里等人一直在努力改进钢琴的发声机制和其他部件。为了提高响度，他们用了更重的弦；为了把弦上紧，获得更大的张力，他们制造出了更重的琴身；与琴槌和键盘相关的机制也得到了改进。随着时间推移，钢琴变得越来越容易演奏，也更受欢迎了。

早期的钢琴最大的问题之一是价格非常昂贵，只有富人才买得起。但随着时间推移，钢琴的价格降了下来，越来越多的音乐家开始转用钢琴，享受它带来的力度变化效果。巴赫最终也买了一台，而尽管莫扎特的早期键盘作品大部分是为羽管键琴写的，但他很快也投入了钢琴的怀抱。他幼年时演奏的是羽管键琴，但1778年（当时他21岁）他去巴黎的时候第一次见到了钢琴，从此就回不去了。从那时起，他就开始演奏钢琴，所有的键盘音乐都是为钢琴而创作的。据说，他对钢琴的构造也很感兴趣，甚至尝试自己改进它。

到贝多芬的时代，钢琴的功能已经十分完备了。早期，他使用的是维也纳产的钢琴，但他很不满意（这种钢琴只有五个八度），一直敦促钢琴制造商制造更结实、声音更响亮的钢琴。伦敦的制造商约翰·布罗德本特（John Broadbent）给他运去一台有六个八度、比维也纳钢琴要结实得多的三角钢琴，他简直欣喜若狂。在几年的时间里，这台钢琴一直是他的骄傲与快乐之源，但他从没有好好保养它（对其他钢琴也是一样）。在贝多芬晚年期间，有人去贝多芬家里做客，发现这台钢琴已经完全走形，好几根弦断了，还有不少酒溅上去产生的污渍。

再往后，就到肖邦和李斯特的时代了。没有人会说肖邦虐待钢琴——他的演奏方式非常细腻，以至于有人会抱怨他弹琴的声音太小了。虽然他无疑是当时最伟大的钢琴家，但他的风格却并不浮夸，原因之一无疑是他在生命中的最后几年里总是疾病缠身。在巴黎时，他有两台钢琴，一台维也纳产的普莱耶尔，一台用来给学生伴奏的小钢琴。据说他喜欢触感轻盈的钢琴。

在很多方面，李斯特与肖邦截然相反。他热爱表演，风格夸张，喜欢把手从钢琴上高高地抬起，然后砸向键盘。因此可以想象，他的演奏方式很伤钢琴。肖邦也是这么说的，他说："他在演奏的时候激情四射，甚至砸坏了好几台钢琴。"

直到19世纪中期，钢琴的构造一直没有太大的改变，但19世纪中期，德裔美籍钢琴制造商海因里希·施坦威首次采用了铸铁骨架。铸铁骨架可以大大提高琴弦的张力，革新了钢琴的设计，让钢琴拥有前所未有的力量和声音。施坦威于1851年带着妻子和三个孩子来到美国，两年内就开始在纽约制造钢琴。没过多久，订单像雪片一样飞来，他的生意蒸蒸日上。施坦威钢琴迅速成为钢琴制造业的标杆。图70展示了如今我们熟悉的三角钢琴，很多公司都在生产。

图70 三角钢琴

钢琴的内部机制

　　钢琴中最重要的部分是琴弦。琴弦被敲击后会发生振动，振动频率由以下公式得出：

$$f = \frac{1}{2L} \sqrt{T/\rho}$$

　　其中，L 为弦长，T 为弦的张力，ρ 为弦的密度。

　　假设弦的密度为 0.0059（这是钢的密度），可以用这个公式轻松算出特定弦上的张力。以中央 C 为例，其频率为 262 Hz，弦长为 0.82 米，代入公式可以算出张力为 1051.7 牛顿。把牛顿换算成重量，相当于 236.6 磅力（107.3 千克力），这是很大的力量了。我们之后会看到，钢琴上大约会有 226 根独立的弦（不同款式的钢琴这个数字会有差别）。不同弦承受的张力稍有不同，但为了方便起见，我们假设每根弦上的张力都是 230 磅力，那么整个骨架承载的张力就是 51980 磅力（约 23578 千克力）——这是个很大的力了。虽然只是近似计算，但已表明撑开琴弦的骨架上承载了很大的力，这就是为什么要用铸铁来制造它。

　　从公式中我们可以看出，越长的琴弦需要绷得越紧，才能发出同样频率的声音。不过公式也告诉我们，要想降低张力，可以把琴弦做得更短。为什么制琴师不这么做呢？事实证明，制造弦更长、张力更大的钢琴有好几个理由。首先，琴弦振动的时候弯曲幅度不能太大，否则金属琴弦内部的刚体力就会干扰振动，因此，弦越长越好，这样就能减少弯曲。其次，我们要提高琴弦振动的动能，因为它与声音的响度有关。动能由以下公式给出：

$$E = \frac{1}{2} mv^2$$

其中，m 代表质量，v 代表速度。假设粗细不变，琴弦的质量和速度都取决于长度。质量随着长度增加而增加是很显然的，但要讨论速度与弦长的关系，就得从弦的几何构造入手了。我们知道，短弦的刚度对其振动的影响要大于长弦，这意味着弦越长，其振动速度越大，动能也越大，因此声音响度也越大。因此，把弦造得更长，有利于我们制造出声音更洪亮的钢琴。

然后，我们再来仔细分析一下琴槌敲击弦的过程。在当代钢琴中，琴槌敲击琴弦的过程非常复杂，由许多部分组成，因此我还是以克里斯托福里原始的设计为例来讨论。从图71中我们能看到，在你按下琴键的时候，会有一根顶杆撞击所谓的中间杠杆。杠杆的末端推动琴槌的杆，让琴槌迅速敲击弦的下侧。同时，弦上方的制音器抬起来，让弦得以振动。而当琴槌落回原位时，它会被一个叫作倒退制止器（back check）的部件接住，防止它弹回去再次碰到琴弦。这种机制让音乐家能快速重复敲击键盘发声，很多钢琴作品中都有这样的片段。当你的手指还按在琴键上时，中间杠杆还处于抬起的状态，等待下次被撞击。当琴键回到原始位置时，制音器才回到琴弦上。

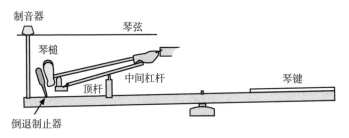

图71　按下钢琴琴键敲击琴弦的机制

在克里斯托福里原始的设计中，琴槌的外层以皮革包裹，但随着时间的推移，皮革无法满足人们对声音的要求。如今，琴槌外层是用毛毡包裹的。在三角钢琴中，琴槌是在重力作用下回落的，在立式琴中则是弹回去的，这也是三角钢琴的声音要比立式钢琴更平滑的原因。

声音的产生来自琴弦的振动，但在一段很短的时间（称为启动时间）之后，振动就通过木制的马桥传递给音板，从音板散播到空气中。音板的厚度大约为1厘米，通常由密度较低、有弹性的木头制成，如云杉木。

大多数钢琴都有三个踏板（有的琴没有中间那个）。左侧的踏板是柔音踏板，三角钢琴上踩下这个踏板会让整套琴槌发生移动，按下一个键本来会敲击三根弦的，踩下踏板之后只敲击两根弦，从而降低了音量。（在立式琴上，柔音踏板的原理是让琴槌离弦更近，这样击弦用的力会小很多。）右侧的踏板被称为强音踏板，也称延音踏板，它会抬起所有弦上的制音器，让弦得以充分振动，因此按下的每个音都可以一直发声，直至自然衰减。但一旦抬起延音踏板，振动就会立即停止。中间的踏板被称为延长音踏板，它只会延长踩下这个踏板时按下的琴键的声音。

神奇的泛音

以 G_4（位于钢琴上的第四个八度）这个音为例，我们知道，在按下这个键的时候，G 弦会以 396 Hz 的频率振动。但在小提琴上拉出同一个音的时候，声音听起来好像跟钢琴不一样，虽然它们都是同一个频率的（见图 72）。而如果你用信号发生器生成一个 396 Hz 的音，它听起来跟钢琴和小提琴又不一样。之所以三个音听起来不一样，用示波器把它们的波形绘制出来就明白了：虽然频率都是 396 Hz，但它们的波形各不相同。换言之，每个音都有自己的特征波形，我们称之为音色。

为什么会产生不同的音色呢？答案可以通过仔细观察振动的琴弦来找到。在第 4 章，我们接触了泛音，了解到敲击琴

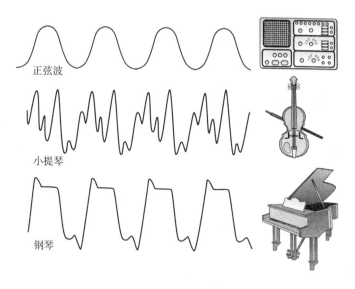

正弦波

小提琴

钢琴

图72　信号发生器、小提琴和钢琴分别发出的 G_4 音的波形

弦不仅会激发它的基频振动，也会激发几种泛音，这些泛音通常会比基音弱很多。从物理学角度，泛音的频率是基音频率的整数倍。我们把这种基音与泛音组成的系统称为谐振系统。按下钢琴上的一个琴键后，就会得到一个基音和几个泛音。你可能认为泛音的频率应该是基音的整数倍，也就是说它们是谐振系统，但事实并非如此。由于钢弦比较硬，随着音域升高，钢琴的泛音会比纯谐振的泛音更尖锐，也就是频率更高。这种泛音被称为非谐泛音。这就是钢琴的音色不同于小提琴的原因。小提琴的琴弦是由羊肠制成的，没有钢弦那么硬，因此其泛音要比钢琴的泛音更接近谐振的泛音。这

也是钢琴需要采用比较长的弦的另一个原因。事实证明，用更长的弦，并增加弦的张力，可以最大程度地减少非谐泛音的问题。

实际上，纯音在音乐里很少出现。虽然有些木管乐器发出的音接近纯音，但并不存在完全的纯音。那泛音是怎么来的呢？如果仔细观察振动的弦（见图73），你会发现它们叠加在基音之上。基音沿着整条弦形成了一个波腹，弦的两端是它的两个节点。而第一泛音则包含了两个波腹，它的波长为基音的一半。更高的泛音则包含的波腹更多、波长更短。更复杂的是，不同泛音的响度还不一样，它们衰减（也就是声音变小直至消失）的速度也不一样。

图73

这么看起来，泛音似乎是个不好的东西，但并非如此。正是有了泛音，音符才有了"温度"。也正因为如此，钢琴的声音中有一部分的非谐泛音反而是好事。实际上，如果把钢琴声音调得极准，完全协和，它听起来反倒像是跑调了。

调音

在讨论调音之前，我们首先要看看钢琴的键盘。现代钢琴有88个音，涵盖了$7\frac{1}{3}$个八度，频率从27.5 Hz到4187 Hz。在现代钢琴中，发出最低音的琴弦由铜（或铁）丝包裹，它们承受的张力最低。每个音对应的弦的数量也不同：三角钢琴中，最低的10个音各对应着一根包裹着铜丝的弦，再往上的18个音各对应着两根包裹着铜丝的弦，剩下的60个音则各对应着三根没有包裹着铜丝的弦（不同钢琴的这一数目会有些许差异）。高音对应的弦最细，张力也最大。由于不同弦的直径和张力不同，它们的音色也不同。

每根弦都通过一个独立的调音弦轴与键盘的一端相连，弦轴会穿过骨架上的一个孔，并被牢牢固定在弦轴板上，弦轴板由多层硬木材质的薄板按木材纹理横竖交叉排列并黏合而成。琴弦的另一端则与所谓的连接销相连。

为了理解钢琴调音的原理，我们还得简要回顾一下钢琴上的这些音阶。前面看到，钢琴上所有的白键形成了所谓的自然音阶，再加上所有的黑键，就形成了半音阶。半音阶里相邻两个音的距离称为半音，一个八度里有12个半音。钢琴的白键并不是完全按照自然音阶调音的，或者说所有的键（包括黑键）也不是完全按照半音阶调音的。钢琴调音采用的是所谓的十二平均律，它把一个八度分为12个相等的音程。

为什么要这么做呢？最主要的理由是，如果琴键是按普通的半音阶调音的，比如C调的半音阶，那它在另一个调

（比如G调）上的和声听起来就会很难听。这就意味着，如果一首歌谱子是C调的，你想把它移到G调上演奏，它听起来会很奇怪——很多和弦都是不协和的了。为了避免这个问题，人们把八度等分为12份，形成了十二平均律的半音阶，这样，任意两个相邻的音之间的距离都是相等的。

就算一台钢琴的音准调到完美，它也仍然存在小的不协和音，而且没有办法去除。原因当然就在于，它采用的半音阶是不连续的，不能让音与音的频率形成协和的关系。不过，只有耳朵特别好的人才能注意到这种差别。

我不会再详细地讲调音的细节了，调音的原理非常复杂，也很乏味。不过，你可能会感到惊讶的是，调音只需要一把音叉、几个橡胶楔子和几个毡条就够了（有人会用电子调音器来代替音叉）。但调音很大程度上是通过耳朵来进行的，尤其是通过分辨拍音。调音师会先调一根弦的音高，比如用中央C的音叉来调中央C，这样就能把不同八度的所有C都调准了，因为它们的频率都成整数比。调音是用调音扳手调整弦轴来进行的。在一架音调得很好的钢琴上，相差八度的两个音的频率比并不是精确的2∶1，因为钢琴有固有的不协和性。这种八度被称为"伸长八度"。调好所有的C以后，调音师则通过聆听相邻两根弦之间产生的拍音来调准其他弦。

触键

钢琴教师会花很多时间来教学生如何按下琴键，你无疑也能听到不同钢琴家的技巧差异。优秀的钢琴家可以通过触键大幅改变声音效果。但钢琴家真的能通过改变按下琴键的方式来改变琴音的音色吗？大多数钢琴老师的答案是肯定的，但有关这个问题其实存在很多争议。物理学家研究了弹钢琴的过程后发现，琴槌在击打琴弦后不到几分之一秒内，就已经完全离开了琴弦，也意味着在这之后，钢琴家再也没有办法控制这个声音了。因此，钢琴家只能通过改变施加给琴键的动能大小来改变声音的强度（也就是响度），而不能改变音色。简而言之，如果按下琴键的是一台机器，声音听起来也是完全一样的。（当然这是在假设钢琴家没有踩下踏板的情况下，毕竟延音踏板会改变音色。）

现在我们来看看另一方的论证。另一方认为，琴槌柄的弯曲也会影响声音，而槌柄在自由运动的时候弯曲得最显著，特别是在琴声很大的时候。这种效应可能在低音区更为显著，因为低音区的琴槌更重。也有迹象表明，琴槌柄的弯曲确实会对声音产生影响。不过，我不会冒险断言哪一方是对的，因为无论给出怎样的结论，都会引起很大的争议。

总结

现在让我们回到这个问题：钢琴和羽管键琴有什么区别？首先，它们是很相似的，你必须承认这一点。但区别在于，两种琴的发声方式不一样，因此产生的声音也大不相同。钢琴是通过琴槌敲击琴弦发声的，而羽管键琴则是通过拨弦发声的，答案就这么简单。

第9章 弦乐器：
用小提琴和吉他奏乐

　　每个上了一定年纪的人都听说过"披头士狂热症"或是"猫王狂热症"这样的说法，指的是每当看到披头士乐队成员或是猫王走上台就会激动万分的病症。当然，在那之后，也有很多其他音乐家令观众为之疯狂。这种现象似乎是当代独有的，但事实并非如此。200多年前，小提琴家尼科罗·帕格尼尼（图74）就把观众带入了疯狂之境。每晚他都能用出神入化的技艺惊掉观众的下巴，有人为他的演奏深深打动，以至于真的相信他与魔鬼做了交易。德国诗人雅各布·伯梅（Jakob Boehme）在听完一场帕格尼尼的演奏会后曾说："我这辈子从没见过这样的景象。"作曲家弗朗茨·舒伯特说："我刚刚仿佛听到了天使的歌声。"钢琴家弗朗茨·李斯特则说："多么神奇的人啊！多么神奇的小提琴啊！多么神奇的艺术家啊！"

图74　尼科罗·帕格尼尼

　　在很多方面，帕格尼尼的举动的确很像魔鬼。他会乘一辆由四匹黑马拉着的黑色马车进入音乐厅，穿着全黑的演出服走上舞台，捋一捋黑色的长发，开始演奏。和当时其他音乐家不同的是，他从来都不看谱，他把要演奏的曲子都记在心里了。这种举动在当时还是很新鲜的，也增加了他的神秘感：怎么可能有人像他这样记住这么多的音乐内容呢？此外，他演奏的乐段也是当时其他小提琴家发誓不可能演奏得出来的：据说他一秒钟能演奏超过12个音，而且演奏的作品也是有史以来最难的。让观众着迷的不仅仅是他绚丽的技巧：即使是比较慢的乐段，他也能演奏得极其温柔而优美，让在场的女观众落泪。帕格尼尼是一流的表演者，除了展示自己的技巧，有时还会捉弄观众。他经常有意地大力运弓，让小提琴上除了G弦以外的其他三根弦都断掉，然后继续只用G弦完成整场演奏。

但是怎么才能找到足以展示他超绝技巧的小提琴乐曲呢？当时，已发表的高难度小提琴乐曲还很少。因此，帕格尼尼开始自己创作乐曲。不出所料，他创作的大部分乐曲没有流传下来，因为它们太难了，没有其他小提琴家能演奏。在这一章的后面，我们会了解更多关于帕格尼尼的生平及音乐事业的内容，不过首先让我们来了解一下他所演奏的这种乐器——从它的前身开始。

第一批弦乐器

首先出现的弦乐器叫作里拉琴，人们在古埃及早期就开始使用了。最初的里拉琴有四到六根弦，但后来稳定在四根。图75描绘了一把六弦的里拉琴。琴弦一端是一个U形的支架，另一端是一根横条。演奏者左手抱着琴，右手用琴拨子拨弦演奏。里拉琴一般被用来给歌手伴奏，但没过多久，音乐家就觉得四根弦太少了，开始继续加入更多的弦。他们加了很多根弦，直到最后，里拉

图75　里拉琴

琴变成了竖琴（有约25根弦）。竖琴是《圣经》里大卫最喜欢的乐器。

所有早期的弦乐器都是拨弦演奏的。人们知道，琴弦发出的音高会随着弦长的改变而改变，而改变弦长最方便的方式就是用手指按下弦中间的某处。但是音乐家得知道要按下什么地方才能得出给定的音高，于是就发明了"品"。琴弦通常沿着狭长的琴颈延伸，以动物内脏制成的品则一条一条地沿着琴颈分布。演奏者只需要沿着琴品的边缘按下琴弦，就能获得想要的音高了。

16世纪，一种叫作"吉他拉"的小型乐器在西班牙流行起来，它有六根弦，在指板上有四对品，通过拨子拨弦来演奏，主要用来给舞蹈伴奏。随着时间的推移，吉他拉也逐渐得到改进，最终成为我们今天所说的吉他，在本章的后面我们会讨论。

另一种早期的弦乐器是鲁特琴，它有六对复弦，以及可以移动的羊肠品。鲁特琴很轻，常用来给歌手伴奏。在鲁特琴盛行的时段，琴拨子已经被抛弃了，大多数音乐家直接用手指来拨弦。

所有早期的弦乐器都是通过拨弦演奏的。音乐家花了这么长时间才发现用琴弓拉弦也能产生美妙的声音，似乎有些难以理解。有趣的是，在1500年前后文艺复兴时期，独立出现了两类拉弦乐器。第一类称为维奥尔琴，在西班牙发展出来。维奥尔琴分为三种：低音维奥尔琴、次中音维奥尔琴、高音维奥尔琴，它们都有六根弦，相邻的弦之间相差四度。第二类拉弦乐器则是提琴家族，在意大利发展完善，它们各有四根弦，最终战胜维奥尔琴家族，获得了压倒性的优势。

提琴的构造

提琴的琴身由一块面板和一块背板组成，两块木板都向外微微弯曲。面板和背板之间有一圈侧板，形成了一个中空的"箱子"，称为共鸣箱。有四根弦一端系在系弦板上，被琴马架起来，越过指板，另一端被系在弦轴上（见图76）。

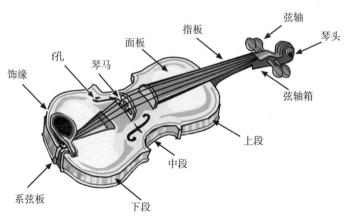

图76 小提琴的各个部分

小提琴琴弦承载的张力很大（四根弦总共加起来有约50磅力，约23千克力），通过琴马给面板施加了约20磅力（约9

千克力）。木制的面板很薄，通常只有几毫米厚，因此需要加固。给面板加固的有两个部件，其一是音柱，位于琴马一端的下面；另一个则是低音梁，位于面板的下侧，沿着音最低的一根弦放置（见图77）。

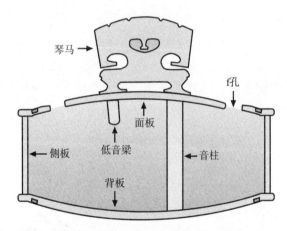

图77　小提琴的横截面，展示出了音柱和低音梁的位置

　　小提琴的每个部分都需要专门设计，因为使用的木头类型以及琴的组装方式不同都会对声音产生很大的影响。面板由比较软的木材如云杉木或松木制成，且需要采用特定的切割方式，让纹理贯穿整把琴，从弦轴箱处一直延伸到尾部。侧板和背板则需要使用硬质的木材，如槭木，常使用一种称为波纹槭木的槭木。琴颈、弦轴箱和琴头也通常采用槭木制成，弦轴则常用乌木。所有部件组装好并用胶水加固后，整个琴身会上一层清漆，让它看起来有光泽。

共鸣箱

简单来讲，小提琴就是将四根弦装在一个共鸣箱上，通过共鸣箱把弦的声音放大。严格来说，共鸣箱的作用并不能从技术角度使声音真正"放大"，只是因为弦不足以使足够多的空气分子发生移动，让声音传到人耳朵里，所以人们把弦的振动传到共鸣箱上，让它来带动大量的空气分子振动。当然，共鸣箱需要把弦发出的所有频率的声音都忠实地复制过来，它就是为此而设计的。能量的转移通过支撑琴弦的琴马来进行。弓在弦上拉动，使弦来回振动，这种振动引起琴马的振动，而琴马又与小提琴的面板相连，因此琴马的振动带动面板竖直方向的振动（也有一小部分的振动与琴弦平行）。

面板的振动同时引起了共鸣箱内部空气的振动，这些振动通过 f 孔传递到外面的空气中。这意味着琴声有两个来源：一是木头的振动；二是共鸣箱中空气的振动。实际上，这两个来源发出的声音强度大致是相同的。我们前面已经看到，像小提琴面板这样有弹性的表面，能够与任何施加在表面的频率一起谐振。有些频率谐振振幅会比较大，有些频率的谐振振幅则比较小。在实际情况中，谐振振幅往往只在一个特定频率处非常高，这个频率被称为共振频率。而共鸣箱里的空气也有一个共振频率。这就意味着，一把小提琴有两个相关的共振频率，它们被称为木材主共振（MWR）和空气主共振（MAR）。MAR依赖于共振空气的体积和f孔的面积，通常在280 Hz附近，与四根弦其中之一的频率很接近。小提琴的四根弦音高分别为G_3、D_4、A_4、E_5，其中D_4的频率大约就为280 Hz，因此MAR会大幅增强这根弦的声音。另一方面，MWR的频率在420 Hz附近，接近于A_4，因此MWR会加强A音。

判断小提琴价值的重要曲线称为响度曲线。要绘制出这条曲线，测试者要在整个频率范围内用力拉响小提琴，使它能发出最大的声音。如图78所示，在不同的音高处，小提琴琴声的响度有很大的差异，MAR与MWR在这个谱里近似位于D和A附近。好的小提琴，这两个频率之间应该近似成五度关系（且接近D和A这两个音）。如果这两个频率之间的距离大于五度，这把小提琴就会被认为质量不好。在琴弦和

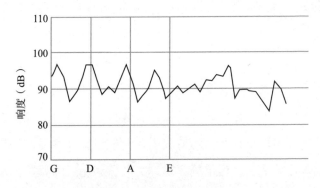

图78 小提琴的频谱，其中标出了G、D、A、E四个音

MWR之间也有可能会发生强烈的耦合效应，这会产生一种令人不悦的高音，称为狼音。小提琴制造者会保证让这个音落在小提琴常用的音阶范围之外。

弓与弦

小提琴的弓通常是以马尾毛制成。马尾毛与其他所有天然毛发一样，在两个方向上的摩擦性质截然不同。你可以用手指沿两个方向摩擦自己的头发来感受一下。之所以会产生这种差异，是因为毛发表面小小的、相互重叠的鳞片都是沿一个方向排列的。在小提琴的弓里，朝两个方向的马尾毛各占一半，因此往两个方向运弓产生的摩擦力一样大。往弓毛上涂松香，可以增强摩擦力。演奏的时候，弓的木质部分会把弓毛拉紧。

小提琴的弦则架在琴马上，一头位于琴尾，一头位于弦轴上。琴弦两端是固定的，因此用弓拉弦的时候，弦上会产生驻波。驻波的波长与振幅取决于弦的张力、长度、材质（我们在第4章中讨论过）等性质。最初的小提琴琴弦是用猫肠制作的，而如今的琴弦通常是用钢或者其他合成材料制作的。

乍一看，振动的琴弦好像只包含一个波腹，但仔细观察就会发现，琴弦的振动情况要比表面看上去的复杂得多。在任何给定的时刻，琴弦都分为几乎笔直的两段，而这两段又在以琴弦发出的音高的频率沿着曲线运动，见图79。为了理解为什么会出现这种情况，我首先要指出，摩擦力有两种，分别称为静摩擦力和滑动摩擦力。地上有一块方形大理石，你尝试去推它，会发现一开始推不动，直到力气大到某个程度，才克服了让它停留在原地的摩擦力，这就是静摩擦力。而一旦石头开始动了，你会发现，要维持它运动，需要克服的摩擦力，并不如一开始让它动起来要克服的摩擦力大。运

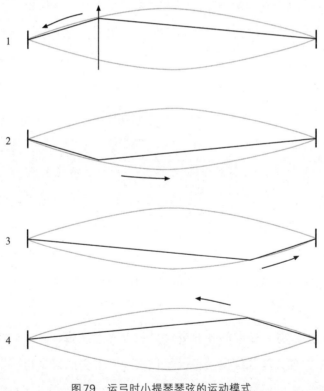

图79　运弓时小提琴琴弦的运动模式

动中的石头受到的摩擦力称为滑动摩擦力。在讨论小提琴的运弓时，静摩擦力和滑动摩擦力之间的差别至关重要。

小提琴手开始运弓时，弓会抓住弦，把它往一侧推。在这个过程中，起作用的是静摩擦力，但弦也会因为形变而产生一个回复力，最后弓与弦之间的摩擦力实在无法让弦保持静止，弦会突然"啪"的一声回弹。在它回弹的过程中，比静摩擦力更小的滑动摩擦力占据了主导地位，弓在弦上的移动变得容易了一些。不过没过多久，弓又开始带动弦，静摩擦力又占据了主导地位，弦开始随着弓以相同的速度运动，重复上述过程。随着这种静摩擦力与滑动摩擦力之间的来回切换，弦产生了一种周期性的运动，但并不是简谐运动。它会以相同的速度（弓速）被带动，然后突然停止并回弹，又以相同的速度被带动，循环往复，见图80。

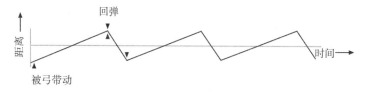

图80 弓以相同速度拉弦的时候弦的运动

我们在前面看到，哪怕只拉同一个音，弦上也会产生很多泛音，或称谐波，正是它们给乐器赋予了音色。我们也学到了怎么计算这些谐波的频率，测定小提琴的谐波谱。如果把基频看作1，二次谐波就是1/2，三次谐波就是1/3，四次谐波就是1/4，以此类推。以谐波频率为横坐标，谐波强度以对数刻度为纵坐标绘制成图（见图81），它就给我们提供了很多关于这件乐器的信息。

图81 小提琴的声音频率与响度对数的关系示意图

对小提琴家来说，同样重要的是声音的品质。声音的品质依赖于几个因素，包括：

· 弓接触弦的位置；

· 弓接触弦的力度；

· 弓速；

· 弓与弦接触部分的宽度；

· 小提琴各个谐振频率之间的间隔；

· 小提琴的物理构造——它是由什么材料制造的。

斯特拉迪瓦里的秘密

没有人知道最早的小提琴是何时被制造出来的，但类似小提琴的乐器在13世纪就已经有了。大多数人认为是意大利克雷莫纳的安德烈亚·阿马蒂（Andrea Amati）在1550年前后制造出了第一把小提琴。从他开始的几代小提琴制造家到1600年时已经把克雷莫纳变成了欧洲不可动摇的小提琴制造中心。据称，如今小提琴的几项主要特征——它的形状、整体结构和大小——都是由阿马蒂家族确定的。安德烈亚的孙子尼科洛，如今被认为是该家族最伟大的制琴师。阿马蒂家族已经很有名气和影响力了，但他们的光辉最终被一个人完全掩盖，这个人的名字至今还与最出色的小提琴联系在一起——安东尼奥·斯特拉迪瓦里（Antonio Stradivari）。

斯特拉迪瓦里1644年生于克雷莫纳，他经历了一番艰苦奋斗才在制琴界脱颖而出。当时，阿马蒂家族主导着小提琴制造业，阿马蒂小提琴驰名全欧洲。但斯特拉迪瓦里并未气馁，他在尼科洛·阿马蒂手下当了几年学徒，然后到了1680年，他自立门户，下定决心要制造出足以匹敌甚至超越阿马蒂家族的小提琴。虽然他制造的首批小提琴肯定不尽如人意，但他持续改进技巧、试验新的模型，到1700年前后实现了弯道超车。斯特拉迪瓦里在一生中制造了约1200把小提琴，还制造了12把大提琴（其中一把在一部007电影中扮演了重要角色）、10把中提琴和几把吉他。1700—1720年这20年如今被看作是斯特拉迪瓦里的黄金年代。他制造的小提琴中有约600把流传了下来，而在这20年里制造的小提琴更是无价之宝，大多数都价值上百万美金。其中有一把2006年在美国卖出了350万美元的价格，还有的琴卖价比这更高。

为何斯特拉迪瓦里小提琴这么珍贵呢？任何小提琴家都会告诉你，斯特拉迪瓦里小提琴的音色非常独特而优美，而且奇怪的是，就算如今科技已经如此先进了，还是没有人能制造出接近"斯特拉迪瓦里之声"的小提琴。斯特拉迪瓦里小提琴为何如此神奇？它们身上有什么特别之处？无疑，斯特拉迪瓦里是手工艺大师，他一丝不苟地投入了大量精力，保证自己制造的每一把小提琴都体现出最佳水准。他用云杉木做面板，槭木做背板、侧板和琴颈，用柳木制造大部分内部结构。据我们所知，他还会用几种矿物来处理所用的木材。但他的特别之处远不止这些。

对于斯特拉迪瓦里小提琴的绝佳音色，人们提出了不少解释，但到目前为止，没有任何一个解释得到证实。科学家给斯特拉迪瓦里小提琴照了X光、做了精细的测量，乃至做了一模一样的复制品，但复制品拉出来的声音一点儿都不像斯特拉迪瓦里。秘诀会不会在木材身上？木材的质量显然会影响小提琴的声音。斯特拉迪瓦里使用的木材格外致密，我们也知道致密的木材能产生好听的声音，但如果奥秘皆在于此，那为什么同一时期在克雷莫纳生产的其他小提琴没有同样的效果呢？还有种说法是，斯特拉迪瓦里采用了特殊的漆面，但现存的斯特拉迪瓦里都有几百年历史了，大多数琴都被重新上过漆了，也没有影响它们的音色。

斯特拉迪瓦里的"秘密"被他带入了棺材。他的三个儿子都没有继承他的小提琴制造业，一个儿子在24岁就英年早逝，另一个儿子在他的琴店里帮过一段时间的忙，但最终也离开了。从斯特拉迪瓦里制造最后一把小提琴至今已经过去了250年，但令人惊讶的是，他的小提琴的构造一直未变。

提琴家族的其他成员

提琴家族的另三位成员是中提琴、大提琴和低音提琴。和小提琴一样，它们都有四根弦，不过大小不同，弦的基音音高也不同。表12列出了提琴家族这四种乐器各自弦的音高与琴长。

表12　提琴家族四种乐器弦的音高与琴长

	弦的音高				琴长（厘米）
小提琴	G_3	D_4	A_4	E_5	60
中提琴	C_3	G_3	D_4	A_4	66
大提琴	C_2	G_2	D_3	A_3	115
低音提琴	E_1	A_1	D_2	G_2	200

中提琴的音高比小提琴低五度，大提琴则比中提琴再低八度。比较一下下面三种乐器发出声音的波长，你会发现它们显著大于小提琴的波长。从表12中可以看出，中提琴最低的弦音高是C_3，而小提琴的是G_3，C_3的波长理当是G_3的1.5

倍，然而中提琴却只比小提琴长了6厘米。同样，单凭波长算，低音提琴的琴长应该是小提琴的约5倍。

但实际情况下，乐器长度差距却没有这么大，这是因为制琴师通过其他方法弥补了波长的差异（比如采用更粗的弦）。这样，低音乐器的大小得到了有效的控制，以方便演奏。

小提琴演奏大师

此前，在本章的开始，我们已经介绍了最伟大的小提琴大师——尼科罗·帕格尼尼。现在让我们来更详细地了解一下他的职业生涯，并了解一下其他几位小提琴大师。帕格尼尼生于1782年的意大利热那亚，小时候就是出名的神童。他的故事跟莫扎特很像：帕格尼尼的父亲认识到了小帕格尼尼的才华，急于以此敛财，因此逼迫儿子每天长时间练习（超过10个小时）。而小帕格尼尼的进步也是神速。8岁这一年，他已经开始在热那亚巡回开演奏会，13岁时他已被公认为无可比肩的天才。不久，他就开始在全意大利巡演，收到的赞誉也不断增长。17岁时，他挣脱了父亲令人窒息的掌控，自力更生，但19岁时他就沉迷于赌博和饮酒，即使挣了很多钱，还是破产了。有一次，他穷得不得不典当了自己的小提琴，但音乐会将近，他只能恳求一位富有的法国商人借一把小提琴给他。商人借给他一把价值连城的瓜奈里小提琴（仅次于斯特拉迪瓦里小提琴），但听完了帕格尼尼的音乐会以后，这位商人坚决不肯拿回这把琴了，他认为这把琴就应该由帕格尼尼来演奏。之后的几年，帕格尼尼在音乐会上经常用这把琴。他还拥有了一把斯特拉迪瓦里小提琴，这是他在一场赌局中赢来的。

1800年前后，帕格尼尼离开了舞台一段时间，不过在1805年又复出了，在接下来的几年里又在整个意大利巡演。他得了埃勒斯–当洛综合征，但这种疾病反倒有益于他的演奏。这种综合征的特征就是关节过度灵活，因此他能在小提琴上实现惊人的创举。他的手腕极其松弛，可以轻松向各个方向移动扭曲，这让他能做到其他小提琴家都做不到的动作。他的小提琴演奏技巧简直令人震惊。

更近期的一位小提琴大师是弗里茨·克莱斯勒（Fritz Kreisler，1875—1962），他生于奥地利的维也纳，在维也纳和巴黎的音乐学院学习过。1888—1889年，他第一次去美国巡演。巡演之后，他因未能获得维也纳爱乐乐团的职位，离开了音乐行业，去学习了几年医学和绘画。不过在1899年，他又拿起小提琴，去美国进行了巡演。他还在德国与法国各住过一段时间，但选择在美国度过后半生。除了演奏小提琴以外，他对作曲也很有热情。

雅沙·海菲兹（Jascha Heifetz，1901—1987）也是有史

以来最伟大的小提琴家之一。他也是一名神童，6岁时就能演奏协奏曲。他生于立陶宛，9岁时就进入俄国圣彼得堡的音乐学院学习，12岁时就去了德国和斯堪的纳维亚表演，十几岁时去了欧洲其他地方巡演。虽然他的首要身份是独奏家，但他也很享受演奏室内乐，经常和阿图尔·鲁宾斯坦等人合奏。1917年，他来到美国，后来在南加州大学任教。

伟大小提琴家的清单里如果没有耶胡迪·梅纽因（Yehudi Menuhin，1916—1999），那一定是不完整的。他生于美国，但大部分演奏事业都在英国展开。"二战"期间，他为士兵们演奏过音乐，战后也去德国演奏过。虽然梅纽因主要是一名古典小提琴家，但他也录制了爵士乐唱片，甚至与印度民族音乐家拉维·香卡（Ravi Shankar）合作录制了几张东方音乐唱片。1990年，他被授予卓有声望的格伦·古尔德奖，以奖励他对小提琴音乐的终身贡献。

20世纪另一位顶级小提琴家是艾萨克·斯特恩（Isaac Stern）。他1920年生于乌克兰，但他1岁的时候，全家就搬到了美国。他在旧金山音乐学院学习，16岁举行了首场音乐会。1979年，他还来到中国演出。斯特恩录制了无数张小提琴协奏曲的唱片，也为电影《屋顶上的小提琴手》（*Fiddler on the Roof*）录制了配乐。

伊扎克·帕尔曼（Itzhak Perlman）是当代最著名的小提琴家之一。他1945年生于以色列，在特拉维夫学习音乐，后来去了美国的茱莉亚音乐学院。1987年，他加入以色列爱乐乐团，跟随乐团去欧洲、俄罗斯、中国和印度巡演。他多次出现在美国的电视上，还在白宫演奏。他演奏的曲目绝大部分是古典音乐，但也演奏爵士乐，与著名爵士钢琴家奥斯卡·彼得森（Oscar Peterson）合作了一张爵士乐专辑。帕尔曼还为诸多电影的配乐担任独奏，如《辛德勒的名单》和《艺伎回忆录》。他使用斯特拉迪瓦里小提琴进行演奏。

拨弦乐器：班卓琴、曼陀林、尤克里里与竖琴

吉他是如今最知名、最受欢迎的拨弦乐器，不过我要把它留到下一节讲。其他三种类似吉他的拨弦乐器有班卓琴、曼陀林和尤克里里，它们的弦数和音高如下：

· 尤克里里：有4根弦，音高分别为 G_4、C_4、E_4、A_4

· 班卓琴：有5根弦，前4根音高分别为 D_3、G_3、B_3、D_4，另有一根短弦用于演奏旋律

· 曼陀林：有8根弦，形成4对，音高分别为 G_3、D_4、A_4、E_5

班卓琴和曼陀林跟小提琴一样有琴马，但尤克里里没有琴马，弦直接与共鸣箱相连。曼陀林与尤克里里都有中空的

琴身和一个音孔。班卓琴则有一张薄膜覆盖在琴的正面，像一面鼓一样，这个结构所起的作用与共鸣腔类似，也是放大声音用的。三种琴的音品、指板和总体构造基本相同，班卓琴长约90厘米，而曼陀林与尤克里里长约60厘米。

另一种拨弦乐器跟以上三种都不相同，它就是现代的竖琴。和以上三种拨弦乐器一样，它也有中空的共鸣箱（更准确地说是共鸣条），但它比吉他类乐器都大很多，而且不一样的是，有一根竖直的柱子、一个弯曲的琴颈和47根弦。竖琴有7个踏板，踏板与踏板杆相连，可以改变琴弦的有效长度，从而改变音高。竖琴在现代管弦乐团中被广泛使用。

吉他

吉他与小提琴类似，都由几根弦绷在一个共鸣箱上组成。吉他分为两类：原声吉他和电吉他。

小提琴有的大部分基本特征，吉他也都有。和小提琴一样，吉他也由面板和背板组成。吉他需要有一个较大的表面来推动空气分子发生振动，其材料需要有一定的弹性，易于移动。因此，吉他的面板也通常由较软的木材制成，如云杉木、雪松木或松木。吉他面板相对较薄（厚度仅为几毫米），因此内部需要用一系列支架来支撑，以保持面板平整。吉他的声音大部分来自面板的振动。背板通常由红木或巴西紫檀木制成，其振动频率比面板更低。侧板通常也由红木或巴西紫檀木制成，指板则由乌木或槭木制成。

但既然小提琴和吉他的构造十分相似，为何它们声音如此不同呢？有两个原因：其一，它们结构上的细微差异其实对声音有显著的影响；其二，两种乐器的泛音有很大差别。

原声吉他

原声吉他主要分为两类：尼龙弦的古典吉他和钢弦的民谣吉他。古典吉他和民谣吉他都有六根弦，其音高和频率如下：

E_2	A_2	D_3	G_3	B_3	E_4
82 Hz	110 Hz	147 Hz	196 Hz	243 Hz	330 Hz

这些当然指的是每根弦的基音。琴弦还有很多泛音，或者称为谐波，正是这些泛音给了吉他独特的音色。

仔细观察一把吉他，你会发现它有几个明显的特征：

· 所有弦都一样长；

· 不同弦粗细不一；

· 有六根弦，不同于小提琴的四根；

· 指板上的音品间距不等；

· 音孔是圆形的，而非小提琴的 f 形。

先来考虑一下吉他的弦。当我们拨动一根弦的时候，弦上就产生了一个驻波。前面我们已经看到，波有波速v、波长λ和频率f，它们之间的关系为

$$v = \lambda f$$

另外，波速v依赖于弦的张力T和弦单位长度的质量μ，关系式为

$$v = \sqrt{T/\mu}$$

我们前面也看到，基音的波长是从琴马到弦轴距离的两倍（如果你按了弦，基音的波长就是从琴马到按下的音品位置的距离的两倍）。从琴上我们也可以看到，六根弦的波长范围都相同。因此，根据公式我们可以得知，要改变琴弦振动的频率，就得改变弦振动的波速。改变波速有两种方法：一是改变弦的张力T；二是改变单位长度的质量μ（或者两者同时改变）。

不过，如果通过改变弦的张力来改变波速，高频的弦就会拉得很紧，低频的弦就会很松，这会让琴很难演奏。如果所有弦的张力都大致相同则会更好。因此，唯一的方法就是改变质量与长度的比值（即线密度，线密度越高的弦，频率越低）。这正是吉他所采用的方法。在钢弦吉他上，从高音到低音，弦会越来越粗。不过，在尼龙弦的古典吉他上，情况则要更复杂一些：从E_4到G_3是低密度尼龙弦，依次变粗；而从D_3到E_2则是高密度缠金属线的尼龙弦，依次变粗。

从前面的表中我们看到，大多数吉他六根弦的音高依次为 E、A、D、G、B、E（也有一些吉他有 7、8、10、12 根弦，但它们并不常见，因此我们这里先不讨论）。其他的音则通过沿着某个音品的边缘按下弦来获得，按弦会缩短弦长，由此升高基音的频率（见图 82）。吉他的琴颈上有很多条与弦垂直的音品，通常由金属制成。观察音品，你会第一时间发现它们并不是等距分布的，这是为了保证音品按音阶中的音排列。我们需要通过按弦让琴弦变短，来获得最接近平均律音阶（第 5 章中讨论过）的音高。一个八度中有 12 个半音，因此设半音的频率比是 r，就有 $r^{12} = 2$，因此 $r = 1.0595$。根据这个频率比，我们可以算出音品间采取什么样的间距能得出正确的音高。假设空弦的长度是 1，那么第一道音品就应该位于距离琴马 $1/1.0595$ 的位置，第二道音品应该位于 $1/(1.0595)^2$ 的位置，以此类推。这样，第 12 道音品就应该位于 $1/(1.0595)^{12} = 0.5$ 处，即空弦一半的位置。图 83 给出了音品间距的图示。

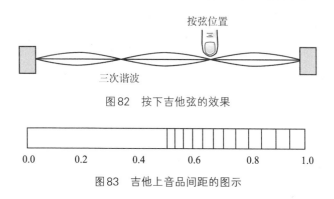

图 82　按下吉他弦的效果

图 83　吉他上音品间距的图示

现在，我们就可以开始讨论吉他如何创造音乐了。和小提琴一样，吉他的弦本身并不足以推动大量的空气，产生让我们听到的声音。弦的振动必须传送给能推动更多空气的部件，这当然就是共鸣箱。共鸣箱的"放大"也不是通常意义上的放大，而是让发声更有效，也就是转移了振动能量。

琴弦振动的能量通过琴马传递到琴的面板，薄而有弹性的面板可以轻易振动，让吉他共鸣箱内的空气以一种被称为亥姆霍兹共振的基频谐振。共振形成于吉他面板的正面，不同吉他由于结构和材料不同，形成的共振也各不相同。和小提琴一样，吉他的琴身就是所谓的共振腔，它通过直径8.2~8.9厘米的圆形孔与外界空气相连。

电吉他

现在我们来讨论电吉他。电吉他与原声吉他很相似，只不过它放大琴弦振动采用的不是共鸣箱，而是电子放大器。电吉他的琴身是坚硬、异形、扁平的面板做的，它没有声学效果，只是起到了承载琴弦和所需电子设备的作用。与原声吉他相同，电吉他（大多数情况下）也有六根弦，通过拨片演奏。弦下面有两套（或者更多）电磁拾音器，它会把钢弦的振动转化为电信号，这些电信号再通过线缆进入放大器。最常见的拾音器是被铜线紧紧环绕的磁铁，它们依据发电机的工作原理：弦的振动会在线圈中产生微小的电压，这些电压被传送往放大器。

大多数电吉他手都会采用效果器使声音波形发生形变。两种常用的效果器是模糊音装置和哇音装置。模糊音装置会把信号波形的顶部压低，并在此过程中增加额外的谐波，整体的效应是让声音变得模糊，如名字所示。哇音装置则会周期性地上下调整高次谐波，产生一种"哇哇"般的声音。

吉他大师

在本章的最后，我终于要开始介绍吉他大师了。你大概也能预料到，吉他大师跟古典乐的关系不是特别大。当然，有很多古典吉他演奏家，比如安德列斯·塞戈维亚（Andrés Segovia）和更近期的朱利安·布里姆（Julian Bream）与约翰·威廉姆斯（John Williams），但吉他主要还是作为流行音乐的乐器。它在布鲁斯、摇滚乐和乡村音乐中通常都扮演着核心角色。我没法列举出所有知名的吉他音乐家，只能选择性地列出一部分。乡村音乐中最知名的吉他音乐家是切特·阿特金斯。有趣的是，早年的他几乎没有什么个人风格，直到1939年听到了默尔·特拉维斯（Merle Travis）的演奏后，受到了特拉维斯指弹方法的启发。特拉维斯用食指拨奏旋律，用拇指演奏低音，阿特金斯在此基础上更进一步发展出了用拇指、食指和中指演奏，用拇指演奏低音的方法。后来，他成为重要的乡村音乐唱片制作人，发掘了很多艺术家，他们后来都成名了。

在摇滚与布鲁斯界，吉米·亨德里克斯的地位无人匹敌。很多人认为他是有史以来最好的电吉他手。他才华出众，也为吉他演奏引入了不少创新技巧。他大量使用了哇音等效果器，且用得都很恰当。

另外一位值得一提的吉他手是埃里克·克莱普顿。他涉猎了好几类不同的音乐，但最主要的是摇滚乐与布鲁斯。一开始，他与雏鸟乐队（The Yardbirds）合作，但后来加入了奶油乐队（Cream）。40年间他一直是摇滚乐界的中坚力量，也被认为是最伟大的吉他手之一。

最后，我不得不提到的是"布鲁斯之王"B. B. 金。金最知名的是单音旋律独奏段落，用他的中空吉布森吉他演奏。他演奏出的声音醇厚柔和，也以让人战栗的颤音闻名。他给自己的吉他起了个昵称为"露西尔"（Lucille），后来，吉布森吉他公司（在他的许可下）模仿金的吉他设计并推广了一款吉他，也叫作"露西尔"。

第10章 铜管乐器：小号与长号

要说有史以来最伟大的小号家路易斯·阿姆斯特朗（图84）早年生活坎坷，那可一点儿都不夸张。1901年，他于新奥尔良出生后不久，他的父亲就离开了，母亲把他和他的姐姐送去与外婆一起生活。因为家里没钱，他只能早早去打零工，刷渔船、卖报纸，以及推着车卖煤。12岁时，由于在新年夜庆祝时往空中放了一枪，他被送去了少年管教所。有趣的是，正是在少年管教所里他第一次接触到了短号，由此爱上了这件乐器。上学时，他一直演奏短号，不过没怎么正规地学习过，大多数的演奏技巧都是从当地音乐家那里学来的。

虽然早年吃了不少苦，但他最终成为有史以来最受尊敬和爱戴的爵士音乐家。他创作了《圣徒前行》（When the Saints Come Marching In）、《圣路易斯布鲁斯》（St. Louis Blues）、《星尘》（Stardust）、《并非无礼》（Ain't Misbehavin'）、《多美好的

图84　被戏称为"书包嘴"的路易斯·阿姆斯特朗

世界》（What a Wonderful World）。1964年，他的《你好多莉》（Hello Dolly）直冲排行榜第一，他也以63岁的高龄成为位居榜单第一的最年长的歌手。在职业生涯中，他出现在多部电影里，也与许多家喻户晓的音乐家合作，如宾·克罗斯比（Bing Crosby）、埃拉·菲茨杰拉德（Ella Fitzgerald）、厄尔·海因斯（Earl Hines）和吉米·罗杰斯。

我从没见过路易斯·阿姆斯特朗真人，但我看过他演过的很多电影。不过，我确实有幸聆听过另一位伟大的小号家阿尔·希尔特（Al Hirt）的演出，并对他演奏的《威尼斯狂欢节》（The Carnival of Venice）和《野蜂飞舞》（The Flight of the Bumblebee）深深着迷。希尔特也来自新奥尔良，从 6 岁起开始演奏。让小号变成我最喜欢的乐器的演奏家则是伯特·肯普弗特（Bert Kaempfert）的《夜色奇境》（Wonderland by Night），这首歌和《樱桃粉与苹果花白》（Cherry Pink and Apple Blossom White）是我最喜欢的两首小号作品。

小号也是最早出现的乐器之一。根据古代文献记载，早在公元前 2000 年，中国就有某种形式的小号了。《圣经》中也好几次提到了小号，比如正是犹太人齐奏小号，让耶利哥之墙倒塌。公元前 400 年前后，古希腊人在举办奥林匹克运动会的时候，也使用了小号。

最早的"小号"就是号角，可能是用动物的角做的。不过在瑞士，第一批号角是用木头做的，被称为山笛（alphorn）。山笛很长，有的可能会长达 5 米（见图 85），但只能发出非常低沉的声音。瑞士人主要在晚上用它们来叫奶牛回家，因此这几乎不能被称作乐器。直到人们发现了金属和金属锻造技术，才出现了用黄铜做的号角。根据早期文献记载，古埃及人是第一批制作黄铜号角的，这种乐器我们通常又称为喇叭，出现在公元前 1500 年前后，主要是供军队使用。

不过，早期的号角与如今的小号差别很大。在小号的发展过程中，具有革命意义的事件是活塞的发明。第一支带活塞的小号是海因里希·施特尔策尔（Heinrich Stölzel）在

图85　早期的瑞士山笛

1814年发明的。早期的小号只能演奏几个音，但新式的活塞已经能让音乐家演奏半音阶里所有的音了。最早的带活塞的小号被称为粗管短号（flügelhorn）。

振动的空气柱

我们在第4章讨论过了管子中的空气柱，不过在这里我会再简单回顾一下。如前面所述，空气柱有两种情况：两端都开口，以及一端封闭、一端开口。前面也提到很关键的一点，就是管内空气的振动频率依赖于管子的长度：管子越长，频率越低。大多数情况下，振动频率与管子的粗细无关，只要管子不是太大。

在两端开口的管子中，开口处的气压当然就是大气压，而在管内形成驻波以后，两端也应该一直保持在大气压水平。这意味着，两端的气压不可能发生很大的改变。但管子内部的气压是会改变的，其改变的规律跟两端固定的弦振动的规律很像。我们可以把管内空气振动的情况绘制出来（见图86）。从图中你可以看到，离两端越远的位置，气压改变就越大，改变最大的部位在管子的正中间。不过，这张图绘制的是气压沿着管子的变化，而且是最大气压。大多数时间，管内任一处的气压都位于上下两个极值中间。跟琴弦一样，管内的气压大小也在来回振荡。

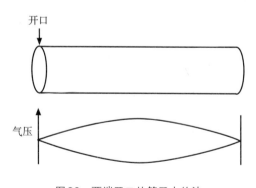

图86 两端开口的管子中的波

当然，铜管乐器的两端并不都是开口的。乐器的一端是演奏者的嘴唇，因此乐器的模型其实是一端开口、一端封闭

233

的管子，所以我们现在就来讨论这种情况。从图87中可以看出，这种情况跟两端开口的情况有很大区别。封闭一端的气压不再受到大气压的限制，反倒成了振幅最大的地方。图87的这种情况，管内波的波长是两端开口（见图86）的两倍，因此频率也更低了。也就是说，一端封闭的管子发出的声音比两端开口的管子低了八度（频率比为1∶2），主要差别就在于演奏者的嘴唇封闭了一端。演奏者的嘴唇在快速振动，这也带动了管内空气的振动（我们后面还会详细讨论这一过程）。

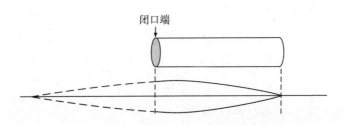

图87　一端封闭的管子中产生的波，只包含了四分之一个波长

在图87中，我们只看到了四分之一个波长，但振动会产生很多更高次的波，也就是泛音或高次谐波。在两端开口的管子中，情况也是如此。音高最低的波，也就是基波，包含了半个波长，但管子中也可能包含两个、三个、四个，乃至更多的半波长。其中，第一泛音的频率是基频的两倍，第二泛音的频率是基频的三倍，以此类推（见图88）。这就产生了一个泛音列。比较一下两端开口的管子和一端封闭的管子的

泛音列，我们会发现，一端封闭的管子的第一泛音也比两端开口的管子的第一泛音包含的波长数目更多，多出了四分之一个波长，但波长本身缩短了（见图89）。简而言之，两端开口的管子的第一泛音包含两个"圈"，一端封闭的管子的第一泛音却只包含一个半。因此，对于后者，管长等于3/4个波长。一端封闭的管子的第一泛音的频率是基频的3倍，也就是说，没有二次谐波。

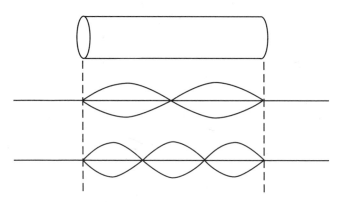

图88　两端开口的管子的第一泛音和第二泛音

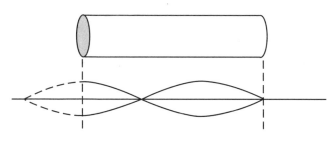

图89　一端封闭的管子的第一泛音

通过类似的方法，我们可以证明，一端封闭的管子只有奇次谐波。你可能会认为这会给铜管乐器的演奏带来障碍，但我们后面会看到，小号和其他铜管乐器都能产生所有频率为基频整数倍（至少近似如此）的声音。上面我们讨论的都是管子为圆柱形的情况，但实际上，铜管乐器的形状并不是直径统一的圆柱形，空气柱在有些地方会变细，而这对谐波会有很大的影响。

号管、喇叭口与号嘴

除了大号以外，所有铜管乐器都有三个不同的组成部分：号嘴，圆柱形的号管，还有喇叭口（见图90）。每个部分都影响着铜管乐器的声学效果。以小号为例，我们先不管它的活塞，只把它设想成一根管子。以降B调小号（这是最常见的小号种类）为例，其基频大约是115 Hz。这个音太低了，通常在演奏中不会用到，但它起了很重要的作用，因为后面的泛音都与它有关。泛音的频率都是这个基音的整数倍，如下所示：

泛音	频率
1	$2 \times 115 \approx 231$ Hz
2	$3 \times 115 \approx 346$ Hz
3	$4 \times 115 \approx 455$ Hz
4	$5 \times 115 \approx 570$ Hz
5	$6 \times 115 \approx 685$ Hz

小号的长度大约在 140 厘米左右，因此我们先假设它是一根 140 厘米长、一端封闭的圆柱形管子。前面看到，谐振频率是基频的基数倍，因此利用公式 $v = \lambda f$ 可以轻易计算出基频为 62 Hz，泛音列的频率分别为 62、186、310、434、558 和 682 Hz，这跟上面列出的频率完全不同。其原因就是我之前提到的，虽然小号的主体是圆柱形的，但它还有变细的号嘴以及喇叭口，这些都会对频率产生影响。

图 90　铜管乐器的三个主要组成部分

首先考虑喇叭口，它对声音影响很大，其形状与直径变化非常重要。假设它直径的变化是均匀的，那它起到的效果就是单纯的扩音器。在内部传播的波会直接传到喇叭外面来，驻波也就不会形成了，而驻波对于乐器来说是必需的。另一方面，如果开口处不张开，管子就不会把所有或者大部分波反射到外面来，开口处就不会有声音，我们就无法听到乐声了。

我们需要喇叭口既能产生驻波，又能把一部分声音的能量从开口处放出来。在小号中，大部分振动能量都蕴藏于驻波之中，但也有一部分通过喇叭口"泄漏"到了外面的空气中。要做到这一点，喇叭口就必须采取特定的形状。在喇叭口靠近末端的地方有一个节点，随着小号内部的驻波波长变化，节点的位置也会变化。波就从这个节点反射回去。分析表明，节点出现在喇叭口直径（相比波长）变化率很大的地方。这就意味着对于低频的声音，节点更靠里；而对于高频的声音，节点更靠外（如图91所示）。

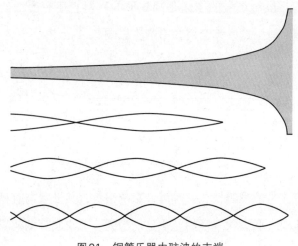

图91　铜管乐器中驻波的末端

同样，吹嘴也会影响声音的频率。在低频时，它能够增加管子的长度，降低频率。而在高频时，它会产生自身的谐振频率，这些谐振频率增加了管子在高频下的表观长度。实际上，频率越高，管子（加上吹嘴）的长度越长。

可见，喇叭口和吹嘴都会影响铜管乐器的谐振，且影响非常明显。因此，铜管乐器不再只有奇次谐波，而是大致拥有所有的整数次谐波。

小号的泛音列如图92所示，演奏者可以吹奏出 C_4、G_4、C_5、E_5、G_5，乃至更高的音。不过，军号只能吹出这几种音了，这就是为什么号鼓队的乐曲里只有那么几个音。音乐家要想跟别的乐器合奏，或者吹出优美的独奏，就必须在这当中填上其他的音符，也就是演奏出半音阶，这对于长号和其他铜管乐器来说也是一样的。要想知道铜管乐器如何演奏出泛音列之外的其他音，我们可以先从长号开始讲起。

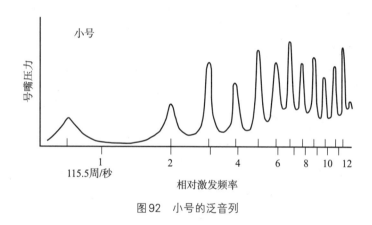

图92　小号的泛音列

滑管与长号

前面看到，铜管乐器的谐振频率由其中空气柱的长度决定。改变空气柱的长度，就可以改变频率，这就是我们填补上面的 f_2 和 f_3 之间缝隙（f_1 不在常见音域范围内）的方法。在长号中，这两个音之间有 6 个半音，因此我们需要 6 个不同的长度来划分它。这样一来问题就变成如何决定这些长度。对于长号而言，我们会通过滑管（它是一个U形管，被弯成了两折）来延长管子的长度。

先假设滑管缩到了最短的位置，在这个位置，长号的共振频率大约是116、174、233和292 Hz。要降低半音，我们得把频率降低约6%。假设滑管位于最短位置时的管长为270厘米（正常的长号基本上管子有这么长），要降低半音的频率，我们就必须增加270 × 0.06 = 16厘米，但滑管是弯成两折的，因此我们只需把它往外拉8厘米。在这个位置，新的共振频率大约是110、165、220和277 Hz。

得到的新的长度就是270 + 16 = 286厘米。要再降一个半音，我们就得再增加6%的长度，即286 × 0.06 = 17厘米，也就是再把滑管往外拉8.5厘米，这样一来又得出了一列新的共振频率。通过类似的方法，我们可以覆盖f_2和f_3之间所有的半音，这样，通过把滑管拉到不同位置，我们就能得到音阶里的所有音了，如图93所示。

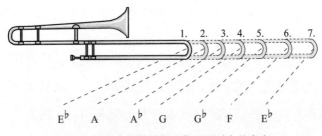

图93　长号中滑管的不同位置所对应的音高

活塞与小号

在小号中，延长谐振腔长度的不是滑管，而是活塞，这种方法要更为复杂一些。一个活塞就足以延长谐振腔了，但人们很早就发现，用三个活塞效果更好。和长号一样，为了获得 f_2 和 f_3 之间的音，我们需要延长谐振腔，而活塞正是与小型的 U 形管相连，以延长整体谐振腔长度用的。活塞位于上面的位置时，空气直接进入小号，但活塞被按下时，空气会被先引入 U 形管，然后才进入小号谐振腔的其余部分，如图94所示。

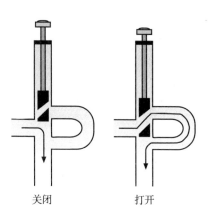

关闭　　　　打开

图94　小号中活塞的横截面示意图

假设当所有活塞都松开（位于上面的位置）时小号内部的空气柱大约为140厘米。跟前面长号的例子一样，我们可以轻易算出该延长多长。要得到第一个音，我们需要延长6%的长度，也就是140 × 0.06 = 8.4厘米，这样能把音高降低半个音，而做到这一点正需要中间的活塞（见图95）。

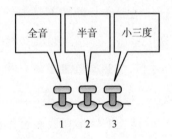

图95　小号的三个活塞。第一个活塞可以把音降低全音，
第二个活塞可以把音降低半音

为了降低一个全音，我们需要增加12%的长度，也就是140 × 0.12 = 16.8厘米，因此需要增加16.8厘米的空气柱。但不幸的是，三个活塞的设计有一个问题：理论上，按下一个活塞所延长的长度，应该跟其他活塞的位置无关，但实际情况并非如此。按下活塞1所延长的长度，会随着是否按下活塞2和活塞3而产生轻微的差异。理论上我们知道，按下活塞3会把音降低三个半音，而同时按下活塞1和活塞2也会降低三个半音，但这两个音并不完全一致。由于这个原因，与活塞相连的U形管的弯曲处就需要做出细微的调整，以补偿这种差异，如图96所示。因此，小号的管体中还引入了小型的调音管，以帮助音乐家对音准做出细微调整。

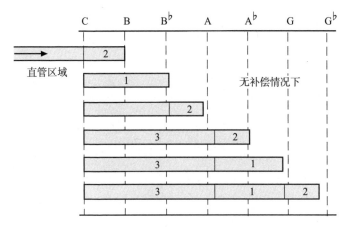

图96　小号中按下不同活塞延长长度获得的音高

著名小号家

在本章一开始，我们介绍了最著名的小号演奏家之一——路易斯·阿姆斯特朗。他的音乐生涯始于游船上的演奏，游船在新奥尔良附近密西西比河内穿行。但不久他就意识到，新奥尔良的发展机会有限，于是1922年，他离开家乡去往我们现在认为是爵士乐主要中心之一的芝加哥，加入了"国王"乔·奥利弗（Joe "King" Oliver）的乐队。他在那里录制了一些专辑，但没过多久，纽约又在向他招手。1924年，他离开芝加哥，去往弗莱彻·亨德森的乐队，那是当时顶级的非裔美国人乐队。令人惊讶的是，他在纽约只待了一年，又回了芝加哥。这个时候，他已经录制了很多唱片，也更为人熟知了。到1929年，阿姆斯特朗已经成为音乐世界的大明星，不久就成立了自己的乐队。1930年，他搬到洛杉矶。在那里，他的事业真正飞黄腾达。在之后的几年里，他日程繁忙，每年举办300场音乐会，还出演了很多电影（共30部）。

一开始他演奏的是短号，但没过多久就改为小号。他强有力的演奏风格损伤了自己的嘴唇，因此在音乐会上他越来越多地采用歌唱的表演形式。他的音色比较沙哑，与当时低吟男歌手的嗓音风格大不相同，但最终在歌唱上获得的知名度也足以匹敌在小号演奏上的知名度。他引入了一种新的唱法，叫作"拟声"唱法，使用了无意义的单词或者音节，如"哗哗嘟呜哗波"，这种唱法其实早先就已经被阿尔·乔逊（Al Jolson）等艺术家小规模使用过了。阿姆斯特朗也受过其他很多歌手的影响，其中一位是宾·克罗斯比，他也常常使用拟声唱法。

阿尔·希尔特也来自新奥尔良。他在很小的时候就开始演奏小号，没过多久就在新奥尔良小警察乐队演出。16岁时，他决定当一名职业演奏家，不过1940年，他决定去辛辛那提音乐学院学习。"二战"期间，他在军队中当小号手。战后，他在几个著名的乐队里演奏过，包括汤米·多尔西（Tommy Dorsey）、吉米·多尔西（Jimmy Dorsey）和本尼·古德曼的乐队，最终又回到新奥尔良，成立了自己的乐队。20世纪五六十年代，他有不少专辑登上了畅销榜。他录制了22张专辑，其中单曲《爪哇》（Java）登上了榜首，他后来还因为这首单曲获得了格莱美奖。

"二战"期间最受欢迎的小号手之一是哈里·詹姆斯（Harry James）。詹姆斯的早年经历也和路易斯·阿姆斯特朗一样不同寻常。他父母都在马戏团里表演——父亲是乐队领队，母亲是高空秋千表演者。哈里的父亲会演奏小号，小哈里也早早就开始在马戏团的乐队里表演了。他进步的速度惊人，到高中时，已经是学校里的明星小号手，在多场音乐会上担任独奏。

1936年，詹姆斯加入了本尼·古德曼的乐队，并迅速受到听众的欢迎。1938年，他决定成立自己的乐队，一年后，他找来一个当时默默无闻的歌手，叫弗兰克·辛纳特拉，还找来了迪克·海姆斯（Dick Haymes）来担任歌手。20世纪40年代初，他去了好莱坞，在那里遇见了女演员贝蒂·格拉布尔（Betty Grable）并与她结婚。

当然，伟大的小号演奏家还有很多很多。迪齐·吉莱斯皮以其惊人的技巧而出名。或许最伟大的小号演奏家之一是比克斯·拜德贝克（Bix Beiderbecke），他训练出了博比·哈克特（Bobby Hackett）、"红"尼克尔斯（Red Nichols）和吉米·麦克帕特兰（Jimmy McPartland）。拜德贝克最著名的曲目是《独唱怨曲》（Singing the Blues）。当世最有名的小号演奏家应该是新奥尔良的温顿·马萨利斯。

　　小号在古典音乐中也扮演着重要角色。以小号为主角的古典曲目中，最为知名的包括海顿的《降E大调小号与乐队协奏曲》、保罗·欣德米特的《小号与钢琴奏鸣曲》，以及亚历山大·阿鲁秋年（Alexander Arutiunian）的《降A大调小号与乐队协奏曲》。

其他铜管乐器

　　除了小号和长号以外，还有其他铜管乐器，最主要的几种有短号、圆号、大号和苏萨大号。小号通常被看作铜管家族的"女高音"。短号和小号类似，音域（频率范围）与小号相同，但它的音色没有那么明亮，不那么像典型的铜管乐器，因为它的泛音要少一些。能演奏短号的音乐家也能演奏小号，反之亦然。比克斯·拜德贝克、博比·哈克特和"红"尼克尔斯更喜欢演奏短号，而路易斯·阿姆斯特朗、阿尔·希尔特和哈里·詹姆斯更喜欢演奏小号。

　　圆号的样子很容易辨认，因为它的管身绕成了圆形。圆号的音域是从B_1到F_5，空气柱的长度是325厘米。它采用的活塞为旋转活塞，与小号的不同，由一个小小的旋钮控制。圆号的号嘴也和其他铜管乐器不一样，它不是杯状的，而是从唇边平滑地过渡到后面的孔。

　　不同类型的大号音域也不同。降 E 调大号的音域从 E_2 到 $B^\flat_4$，它的空气柱长 536 厘米，是铜管家族音最低的。苏萨大号则是便携版的大号，在行进乐队中看到的最大的乐器通常就是它，苏萨大号的音域是从 C_1 到 A_3。

第11章　木管乐器：单簧管与萨克斯

　　10岁左右的时候，我经常会听到邻居家储物棚里传来音乐声，像是在演奏某种乐器，但我不知道那是哪种乐器。每次他演奏的时候，我都会隔着栅栏探身过去仔细听。最后，有一天，他从窗子里看到我，直接邀请我去他家看。我走进棚子，看着他的乐器，还是不知道它是什么。它看起来像是一个大型的弯弯曲曲的管子，一侧带有无数个小装置。邻居告诉我，这是萨克斯，并为我演奏了几首曲子。他还说自己在一个小乐队里演奏。不用说，这段经历给我留下了很深的印象。

　　萨克斯和单簧管是最受欢迎的两种木管乐器，它们在爵士乐队中都很常见，甚至有的摇滚乐队也会使用。我第一次注意到单簧管是在电影《本尼·古德曼传》中，印象尤为深刻的一个场景是，古德曼一边演奏单簧管，一边指挥乐队。在他身后的舞池里，一对对男女在跳舞，但一瞬间所有人都停下了舞步，开始注视并聆听古德曼的演奏，古德曼转身后，自己都吃了一惊。

　　类似的真实情况确实发生过，在1935年洛杉矶的帕洛马舞厅。古德曼和他的乐队第一次在这家舞厅表演时，演出的是他们的常用曲目，但随着时间推移，人们的口味也发生了变化，观众对这些曲子反响平平。最后，当时乐队中的著名鼓手吉恩·克鲁帕把古德曼拉到一边，说："本尼，横竖都会死，不如我们死前演奏一点儿自己的音乐吧。"他提议乐队演奏一种新的音乐，后来人们称之为"摇摆乐"。这种音乐比他们原先演奏的音乐更加强调弱拍，也更爵士。本尼同意了，于是乐队开始演奏新的摇摆风格。没过多久，跳舞的人们开始发出喝彩，有的甚至开始鼓掌。最后，他们都停止了跳舞，围在乐队周围聆听他们演奏的音乐。

　　这种更强调弱拍的新音乐风格催生了一种新的舞蹈风格，称为吉特巴舞（jitterbugging），这种舞风迅速流行起来。没过几天，全国的报纸都介绍了这种新的音乐与舞蹈。摇摆乐与摇摆舞催生了所谓的"摇摆时代"。

木管乐器的发声

　　除了单簧管和萨克斯以外，木管乐器还包含长笛、双簧管、巴松和竖笛等几种。"木管"这个词可能有一定误导性，因为像长笛和萨克斯等乐器都是金属做的。不过，大多数木管乐器在诞生之初都是由木头做的。不管怎么样，我们先来看一下木管乐器是怎么发声的吧。用管状物体发声有两种最容易的方法：一种类似于吹瓶口（或者类似于瓶状物体的口）；一种是吹哨片。最简单的哨片就是一张扑克牌，把它放在嘴边吹气，可以使之振动发声。虽然吹扑克牌产生的声音没有什么音乐性，但我们后面会看到，哨片是木管乐器重要的发声机制之一。

如果仔细听吹瓶口或者扑克牌的声音，你会注意到这两种声音都不是纯音。它们听起来就像是一系列不同音高的音同时发出，而它们确实也是不同波长的波组合而成的。因此，这种发声机制形成的声音似乎很难产生驻波，而后者是产生乐音所必需的。不过，要是研究一下这类波在两端开口或是一端封闭一端开口的管子里的表现，你可能就意识到，事实并非如此。例如，如果管子一端是封闭的，一列波到达管子封闭一端后就会反射回来，这样它们就会在管子里来回反射，并产生变化。前面看到，任何一根管子都有一个基音波长，吹气发出的一系列波里，总有一些接近于基音波长。而随着这些波来回反射，接近基音波长的波会慢慢增强，其他波则会衰减。最终，我们就会得到波长等于基音波长的驻波。

由向边缘吹气和对着哨片吹气两种方法产生的声音，分别称为边棱音和哨片音。哨片音既可以通过单个哨片得到，也可以通过一对哨片得到，两种哨片都可以产生驻波。长笛使用的是边棱音；单簧管和萨克斯采用的是单个哨片；双簧管和巴松使用的则是一对哨片。其他条件相同的情况下，哨片音乐器发出的声音一般要更大一些。

在这些乐器中，不管是什么来源的声音都会形成驻波，而和铜管乐器一样，木管乐器中的驻波也有一个基音和几个泛音。因此，我们也会面临和铜管乐器一样的问题：泛音只能给出音阶中的某几个音，为了得到整个音阶，我们还需采取其他措施。

填补音阶

要想得到音阶，我们就得在乐器内径的形状上做文章。长笛的内径统一，两端都开口；单簧管的内径也统一，我们在前面看到，它一端开口、一端封闭。不过，只要看一眼萨克斯，你就会发现它的内径并不均匀，在靠近喇叭口的地方，直径显著增加。简而言之，它是一个一端开口、一端封闭的锥形。双簧管和巴松也都呈锥形。

假设管子粗细均匀，我们可以建立起一个驻波列，对应于管子的基音和泛音，它们可以提供自然音阶中的几个音，但要怎么获得其他的音呢？假设管子的两端都是开口的，管里最少容纳了半个波长，这道波就是管子的基音。现在我们所要做的就是减少管子的"有效长度"，以升高其发出的音。要怎么做呢？一个自然而然的想法是在管身上钻一个小孔。如果孔很小，它对管内的声音影响就很小，但如果孔比较大，它就会改变管内波的波长，进而改变音高。就实际效果而言，管身上的孔相当于把管子缩短了，而这正是我们所需要的。

现在，想象我们有几根长度相等的管子，我们在管子正中央各钻一个孔，孔的直径不断变大（如图97所示）。利用这几根管子做实验可以了解到，随着孔的直径变大，管子的"等效长度"（也就是与其产生的音高相同，但没有钻孔的管子长度）越来越短，直到孔的直径接近管子直径，等效管长就相当于从管子一端到孔所在位置的长度。

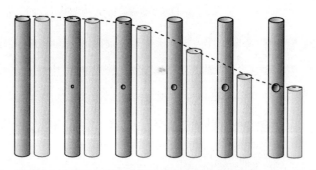

图97　随着管上孔的直径增大，管子的等效长度也会变短。图中每对管子中右侧的代表与左侧管音高相同但没有孔的"等效长度"

这意味着，通过在管子的某处钻个孔，我们可以得到额外的音，其音高依赖于孔的大小。我们也可以沿着管子多钻几个孔，以此来改变等效长度。对于粗细相等、两端开口的管子，只需要钻6个孔，就可以得到自然音阶，长笛就是一个例子。如果一开始把所有孔都盖住，然后每次打开一个孔，就能逐渐升高音高，而只要找准合适的位置，就能得到自然音阶中所有的音了（见图98）。例如，我们可以从C一直吹到B，而要吹出高音C′，只需要按住所有的孔，使劲点儿吹，吹出二次谐波就可以了。使劲吹可以吹出更高次的谐波，即泛音，这种技术被称为"泛音吹法"（overblowing）。吹出C′以后，就可以继续用同样的方法吹出其他的高音了。

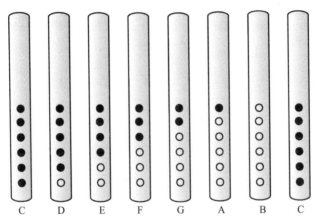

图98 对于两端开口的管子，通过按住不同的孔，
我们可以吹出自然音阶中所有的音

泛音吹法对于两端开口的长笛很好用，但它对于一端开口、一端封闭的单簧管来说就不成立了。在单簧管身上，几乎不可能通过大力吹的方式获得第一泛音。为了解决这个问题，单簧管的发明者使用了所谓的泛音键——乐器下侧的一

个小孔，通常距离吹嘴15厘米。泛音键打开时，它会激发三次谐波（见图99）。实际上，它要发挥作用还需要借助一点外力，你需要学习正确的吹法，才能得到高音。

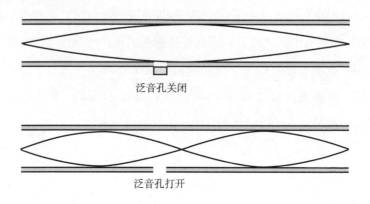

泛音孔关闭

泛音孔打开

图99　单簧管底侧的泛音键（泛音孔）

　　为什么打开泛音键以后激发出的是三次谐波，而不是二次呢？这是因为我们之前看到，一端封闭、一端开口的管子里只存在奇次谐波。不过，单簧管并不完全是一端封闭、一端开口的管子，它还有其他部分，这些部件让它拥有了除二次谐波以外所有的谐波。我们接下来就要介绍木管乐器的这些部件。

木管乐器的组成部分

　　所有木管乐器都包含三个基本组成部分：哨片或吹孔、

管身，以及侧孔。（喇叭口也起到了重要作用，但它只在所有孔都关闭的时候才会对声音产生影响。）木管乐器被演奏的时候，其原始振动来自演奏者吹出的稳定气流。这些振动在吹嘴处建立起来，吹嘴可能是哨片，也可能是边棱音的吹孔。乐器内空气柱振动的频率（即发出声音的音高）主要由空气柱的长度决定，或者更准确地说，是依赖于按住或者没按住的孔所决定的有效长度。

观察一下单簧管或是萨克斯的孔，你会发现它们并不是等距排列的，大小也各不相同。此外，所有木管乐器的孔都不止6个。先考虑一下孔间的距离。木管乐器和长号（或者小号）一样，都需要考虑这样一个问题：要获得音阶中的所有音，需要增加空气柱的长度。具体而言，每降低半音长度就需要延长6%。

我们可以完全沿用在前一章讨论铜管乐器时的计算过程。假设管子长度为L，管壁上有孔，一开始所有孔都被盖住，而随着部分孔被打开，管子的有效长度也缩短了。我们需要让有效长度的改变把音高升高半音，因此这个孔就必须把有效长度缩短6%，也就是$0.06L$。新的有效长度被称为L'。要再升高半音，就需要把L'再缩短6%，也就是$0.06L'$。继续这个计算过程，就能得到音阶中的所有音。很容易看到为什么孔之间的间距不相等：每次乘6%的基础长度都不一样。在前面讨论吉他的音品的时候，我们也看到了类似的图示。

第二个可以观察到的现象是，单簧管和萨克斯的孔的大小也不相等。这个现象可不适用于所有木管乐器，长笛的所有孔都是一样大的。之所以会这样，是因为孔的大小与乐器内径之比必须为定值。因此，对于粗细均匀的乐器，孔的大小就都相等，对于粗细不均的乐器，孔的大小也要发生变化。

不过，单簧管的上下也是一样粗的，为什么孔的大小不一样呢？这是因为孔的间距也会对其大小产生影响：关闭的孔增加了有效截面面积，因此在孔的大小方面需要做出补偿。

木管乐器简介

边棱音乐器：长笛、短笛、竖笛

长笛利用边棱发出声音。演奏者向笛头的吹孔吹气，产生的气流在接触吹孔边缘的时候产生湍流，一部分进入笛子内部，一部分吹向外面。声音的产生依赖于吹气的方式，也依赖于嘴唇和舌头相对于笛头的位置。

长笛有两个调的版本，C调和G调，长约66厘米。大型管弦乐团里通常都有长笛手，音乐会用的长笛通常是银制的，有的地方会带有金。学生练习用长笛则通常由银与镍的合金制成。C调长笛的音域从C_4到C_7，G调长笛的音域则为G_3到G_6。

与长笛密切相关的一种乐器是短笛，它比长笛短一半，音域差不多要高一个八度。C调短笛的音域是从D_5到A_7。

另一种与长笛相似的边棱音乐器是竖笛，小学经常用这种乐器来教小朋友音乐。竖笛的外侧有一排孔，有很多小朋友误把这件乐器叫作长笛，但它们很显然是不同的。竖笛吹起来的声音有点像口哨，笛体呈圆柱形，开口的笛尾微微呈喇叭状。成人演奏的竖笛是木质的，但小学音乐课使用的竖笛通常是塑料制成。

单簧管

单簧管是哨片乐器中最流行的一种。它采用的是单片哨片，通常用竹子制成（见图100）。单簧管的粗细上下不变，尾部有一个喇叭口。管身上的孔可以用手指来堵住，也可以通过按键来堵住，孔共有17个，数量远远超过一个八度的自然音阶所需要的6个孔，为了吹出升降音，还需要很多附加的孔。

双哨片

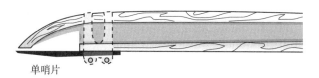

单哨片

图100　单哨片吹嘴和双哨片吹嘴

单簧管有好几种调的版本，最常见的是降E调和降B调的，两者音域都与女高音类似。降E调单簧管的音域是从G_3到G^b_6，降B调单簧管的音域是从D_3到F_6。还有一种低音单簧管，样子更像萨克斯而非单簧管。高音单簧管的长度约为65厘米，低音单簧管的长度约为95厘米。

单簧管可以由多种材料制成，包括木材、塑料、硬橡胶等。非洲硬木是制作专业单簧管最受欢迎的材料，便宜的单簧管也会使用塑料。早期有单簧管用硬橡胶制作，但如今不太常见了。

单簧管在爵士乐队中被广泛使用，尤其是爵士时代和大乐队时代，如今仍然常见。它是古典乐团中不可或缺的乐器，很多著名作曲家都为它谱写了乐曲，如莫扎特、科普兰、施特劳斯和斯特拉文斯基。

萨克斯

萨克斯很好辨认：它有着长长的、弯曲的、喇叭状的管身。1846年，法国人阿道夫·萨克斯（Adolph Sax）首先为这种乐器申请了专利。大部分萨克斯都像一个大大的、弯曲的烟斗，不过高音萨克斯是直的，长得像单簧管。

萨克斯通常由黄铜制成，吹嘴是单哨片的。萨克斯通常用来演奏流行音乐，尤其是大乐队作品、爵士乐和布鲁斯音乐，不过早期它经常出现在军乐队里。它的音域有两个半八度，21 到 23 个按键（不同类型的萨克斯按键数也不同）。比较常见的萨克斯种类有降 B 调高音萨克斯、降 E 调中音萨克斯、降 B 调次中音萨克斯和降 B 调低音萨克斯。最常见的是次中音萨克斯，长约 88 厘米。

其他哨片类木管乐器：双簧管和巴松

除了单簧管和萨克斯以外，还有其他几种哨片类乐器，比如双簧管和巴松。双簧管有两片哨片（见图 100），是一种高音木管乐器，其音域为 $B\flat_3$ 到 A_6，长度约为 60 厘米。双簧管通常为木质，按键由镍银合金制成。

巴松也是一种双哨片乐器，其音域为 $B\flat_1$ 到 $E\flat_5$。巴松通常被认为是木管乐器中最复杂的一种，它的指法很复杂，因此也很难学。吹嘴结构也与其他木管乐器不同——它的吹嘴通过一根细管伸出了乐器之外。巴松通常由木头（槭木）制成，呈锥形。

木管乐大师

在这一章的开始，我们已经介绍过了本尼·古德曼。许多人仍然把他看作是有史以来最伟大的单簧管演奏家。古德曼生于 1909 年的芝加哥，从 10 岁开始学习单簧管。他很有天赋，进步惊人，很快就成为职业演奏家。古德曼深受新奥尔良的爵士乐影响，这个流派对他的整个音乐生涯产生了巨大的影响。16岁时，他加入了芝加哥的本·波拉克乐队，那是当时美国的顶级乐队之一。很快，他就开始录制唱片，没过多久他也成立了自己的乐队。

虽然古德曼在1935年之前就已为人所知，但直到他在洛杉矶的帕洛马舞厅改变了演奏风格之后，事业才真正腾飞。他很快被奉为"摇摆乐之王"。几年后的1938年，他在纽约市的卡内基音乐厅开了音乐会，当时，爵士乐队在卡内基音乐厅开音乐会还是件新鲜事。这场音乐会取得了巨大的成功，有人认为它是爵士乐历史上的转折点。早年的爵士乐仅仅针对特定的一小群受众，但在这场音乐会之后，它终于取得突破，被主流观众所接受。

另一位伟大的爵士单簧管演奏家是阿蒂·肖，他生于1910年的纽约市。肖一开始演奏的是萨克斯，但16岁时他改为演奏单簧管，不久就离开家乡，跟随乐队开始巡演了。在之后的10年里，他加入过几个不同的乐队，然后成立了自己的乐队。他演奏的著名歌曲包括《漫步起舞》（Begin the Beguine）、《月光》（Moonglow）和《星尘》（Stardust）。1938年，肖签下非裔美国歌手比利·霍利迪（Billie Holliday），成为第一位签下全职非裔女歌手的乐队指挥。"二战"期间，阿蒂·肖的乐队曾为士兵演奏，和古德曼的乐队一样，他的乐队也进过卡内基音乐厅演奏。

肖的个人生活经历几乎和他的音乐一样传奇。他结了 8 次婚，其中两位前妻分别是女演员拉娜·特纳（Lana Turner）和艾娃·加德纳（Ava Gardner）。他还和凯瑟琳·温莎（Kathleen Winsor）结过婚，后者是作曲家杰尔姆·科恩（Jerome Kern）与畅销爱情小说《除却巫山不是云》（*Forever Amber*，这本书因其直白的性描写在当时受到不小争议）作者的女儿。跟他结过婚的女性确实是多种多样，而他说他一个都处不来。他还短暂客串了几部电影，晚年也写了几部小说。

另两位广为人知的单簧管演奏家是皮特·方丹（Pete Fountain）和伍迪·赫尔曼（Woody Herman）。方丹生于新奥尔良，他曾在劳伦斯·韦尔克（Lawrence Welk）的乐队中演奏过一段时间，但后来又回新奥尔良，成立了自己的乐队，之后还买下一家爵士乐酒吧。他录制了数不清的录音和 CD，其音乐风格大多属于迪克西兰和爵士乐。赫尔曼生于威斯康星州，风格比较接近布鲁斯，他最著名的作品是《樵夫的舞会》（Woodchopper's Ball），还有《夜间布鲁斯》（Blues in the Night）。最后，不得不提的单簧管演奏家还有阿克·比尔克（Acker Bilker），他的《海滩上的陌生人》（Stranger on the Shore）大受欢迎。

著名的萨克斯演奏家没有单簧管演奏家这么广为人知，但也有那么几个。最著名的三位是"大鸟"查理·帕克

（Charlie "Bird" Parker）、约翰·科尔特兰（John Coltrane）和斯坦·盖茨（Stan Getz）。帕克生于1920年的堪萨斯，以对比波普风格的贡献而闻名。他大多数时候都与小号家迪齐·吉莱斯皮合作。

第12章　最灵活多变的乐器：人声

　　1956年9月9日，他踏上位于纽约的《埃德·沙利文秀》节目舞台，几分钟内，观众席里的年轻女孩就开始尖叫，一直尖叫到他离开。再考虑到当时电视观众数量已经达到最高（据估计超过6000万），在电视机前尖叫的观众毫无疑问还要更多。是谁吸引了这么多观众的关注？看了图101你就知道了，是几个月前还默默无闻的"猫王"埃尔维斯·普雷斯利。当时的他已是一颗冉冉升起的新星，但在这场电视节目播出后，他迅速成为美国知名的人物。在他出现的所有节目中，姑娘们大声尖叫，很多时候还会发生骚乱。他的伴奏斯科蒂·穆尔（Scotty Moore）说："他唱出'你只是一头猎犬'这一句后，粉丝就会激动到崩溃。每次都是这样。"

　　当时，埃尔维斯几乎没有上过声乐课——他家里很穷，没钱系统地学习声乐——但他已经唱了好多年歌了。11岁生日时，他收到一把吉他，之后就一直勤勤恳恳地在地下室的

图101 埃尔维斯·普雷斯利

洗衣房里练习。不过学生时代，他唯一的演出机会是1952年在学校的文艺晚会上表演，并获得了一等奖。毕业后，他成了卡车司机以便谋生。

1953年，他很好奇自己的声音被录下来以后会是什么样子，于是去太阳唱片公司录制了一张唱片。在这张唱片的一面，他唱了《我的快乐》(My Happiness)，另一面则唱了《那是你心痛的开始》(That's When Your Heartaches Begin)。他把这张唱片送给母亲当作生日礼物。过了几个月，到1954年1月，他又回到太阳唱片公司，想再录两首歌，这次录制引起了公司老板萨姆·菲利普斯（Sam Phillips）的注意。菲利普斯同时也是一名星探。几个月后，菲利普斯在纳什维尔的时候，收到了一张录有歌曲《没有爱》（Without Love）的样带，他当即决定在自己的工作室录这首歌，但他找不到适合唱这首歌的歌手，也不知道下一步该做什么。他的助手建议，要不就找之前来录歌的卡车司机来录这首歌，他同意了。助手给埃尔维斯打了电话，埃尔维斯就过来完成了《没有爱》的录制。菲利普斯对埃尔维斯对这首歌的演绎并不感冒，不过他还是问埃尔维斯会不会唱其他的歌，埃尔维斯唱了一首布鲁斯，名叫《不要紧》（That's All Right）。这次，菲利普斯被惊艳了，他录下这首歌，并把录音带寄给当地一家广播站的 DJ。这首歌迅速走红当地，没过多久，菲利普斯收到了5000 份购买这张唱片的订单。之后的事情便众所周知了。

我从没听过埃尔维斯本人的现场，但他在出名以后，确实在我所在的城市表演过。我得知消息的时候已经晚了，没买到票，但他的演出毫无疑问在当地引起了轰动。不过，这么多年里，我也听过其他歌手的歌声，并且深深沉醉其中。最近，电视节目《美国偶像》吸引了很多人的关注。必须承认我也是该节目的忠实粉丝。听节目里的歌手们唱歌，比较他们各有不同的声音，并猜测谁会胜出，是件很有意思的事情。

是什么让一个人的声音脱颖而出呢？什么因素会让人的

声音悦耳动听？埃尔维斯的声音里究竟有什么样的秘密，让他获得如此大的成功？为什么这么多人被弗兰克·辛纳特拉的声音所吸引？为什么歌剧迷这么着迷于卢恰诺·帕瓦罗蒂和普拉西多·多明戈的声音？在这一章中，我们将探讨歌声是怎么产生的，以及为什么有些人的歌声格外好听。当然，为什么有些人的声音很普通但能够立马走红，而有些人声音很好听却反响平平，这些疑问仍然是个谜。毫无疑问，在歌唱事业中取得成功可能需要很多要素，但相对好听的声音仍然是不可或缺的，没人会质疑这一点。

歌唱的历史

歌唱是最古老的音乐形式。虽然简单的乐器演奏可以追溯到几千年前，但毫无疑问，在这些乐器诞生之前人们早就已经开始唱歌了。因此，可以很有把握地说，人声是最古老的乐器（假设我们可以称它为乐器）。我们知道，歌唱在古代世界里扮演了重要的角色：犹太人的赞美诗就是唱出来的，古希腊的戏剧里也使用了歌手。而在几百年前的欧洲，大多数公开演唱的形式都出现在基督教的教堂里，虽然几乎都是由男性歌手来完成的。多年来，一直没有发现古代女性演唱的记录，这真是件奇怪的事情。早期的教会人声音乐都是圣咏，早在600年前后，格里高利教皇就建立了学校教授圣咏，这种音乐后来就被称为格里高利圣咏。

多年间，基督教教会一直处在人声音乐的中心位置。一开始，大多数歌手都是男高音，但后来，假声男高音和男低音也加入了。最高音一般由小男孩来演唱，但也有一些成年男歌手使用假声（后面会详细讨论）演唱最高音。到 15 世纪末 16 世纪初，女性终于加入了演唱的行列，女高音迅速占据了重要位置。到 18 世纪，歌唱终于脱离了教会，成为独立的存在，在公众集会和公共场所里变得越来越受欢迎。教人歌唱的学校纷纷成立，也有很多关于歌唱的书得以出版。

这个时代刚好也是器乐发展的巅峰。音乐家在器乐中不断摸索着，寻找清晰、明亮又优美的声音，同样的目标也适用于人声。音乐的受众正在急速扩大，越来越多的音乐厅被建造起来。歌剧越来越受欢迎，很多知名作曲家都开始写歌剧。最早的歌剧是由乔治·亨德尔在英格兰所写，但这股风潮迅速转向了德国和意大利。莫扎特写了好几部歌剧，如《魔笛》和《费加罗的婚礼》；在意大利，朱塞佩·威尔第写了《弄臣》和《茶花女》。不过，歌剧的巅峰还属理查德·瓦格纳在德国的创作，他最出名的三部作品是《特里斯坦与伊索尔德》《汤豪舍》与《罗恩格林》。理查德·施特劳斯也写过几部重要的歌剧。

歌剧的一大问题在于，歌手的声音必须能够穿透伴奏的管弦乐团。这对于未受训练的歌手来说很难，甚至可以说完全不可能。但训练有素的歌手（包括演员和演讲者）则被引导要把自己的声音以更高的音量"投射"到听众当中。随着20世纪的到来，流行音乐出现了，音量的问题也随着麦克风的发明而得以解决。自20世纪起，不同种类的歌手纷纷出现，包括爵士歌手、民谣歌手和宾·克罗斯比这样的低吟男歌手。如今，现代歌手会使用多种电子设备来放大自己的声音。

我们先来探讨一下，为何有些人的声音如此悦耳动听。

发声器官

人体解剖结构中有好几个部分与歌唱有关，我们先来简单介绍一下图102中画出的大多数涉及发声的器官。首先，我们每个人都有肺，它是我们声音背后的动力来源。其次是喉部，这是声音的共鸣腔。喉部通往咽部，而口腔、鼻腔和嘴唇也在歌唱中起着至关重要的作用。最重要的还是声带，以及声带中间的裂隙，被称为声门。口腔中有硬腭和软腭，最后是会厌，这是喉部最上方悬垂的一个片状"阀门"，在我们吞咽时它会关闭，以防止食物进入气管。

我们可以把这些解剖学部分按照对歌手的不同作用分成三个单元：

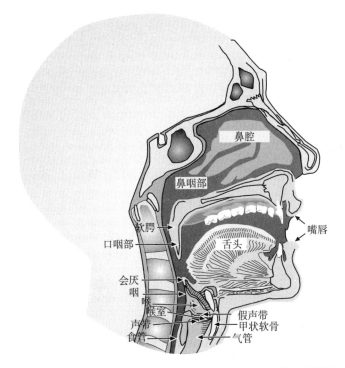

图 102　口腔与喉部的截面图，展示出对发声至关重要的解剖学部分

1.动力来源（肺）

2.振荡器（声带）

3.谐振腔（声道）

这三个单元对大多数乐器也至关重要。比方说，对于小号来说，演奏者的肺是动力来源，演奏者的嘴唇是振荡器，而小号内部充满空气的空间则是谐振腔。但小号与人声之间

269

有一个根本性的区别：小号（以及其他大多数乐器）中存在某种反馈，能帮助乐器形成驻波，而人声中不存在反馈。因此，人声更类似于簧乐器，如口琴。

现在我们来更仔细地探讨一下人声的各个单元。

肺

肺的主要功能是产生气压，正是气压让声带得以振动。从肺呼出的气体穿过声门（图103），声门也可以把气流切断。肺通常能容纳3~4升空气，而我们在呼吸时通常只会吸入或者呼出半升。成年人的肺在某些情况下可以容纳更多的空气，比如，如果你深深吸一口气并屏住呼吸，你的肺里就有5~6升空气。

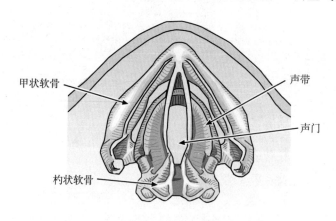

甲状软骨

声带

声门

杓状软骨

图103　声带（声襞）

肺里的空气通过气管排出，气管通向声道，或者更准确地说通向声带。空气从声带的中心通过声门。

振荡器

声带起到了振荡器的作用。"声带"这个名字多少带有一些误导性，因为它其实是一系列黏膜组织折叠而成的。声带中并没有"带"，只有软骨，因此有些人会管它叫声襞。在本书中，我多数情况下会使用更广为人知的"声带"这种说法，但有时候也会说"声襞"。

声带的图示见图103。它前端被固定住，后端分开。在吞咽时，声带会闭合。声带由很多条肌肉来控制，这些肌肉可以控制开口的形状。两条声带前侧在喉结处相遇，并在喉前部相连，后侧则可以灵活地移动，与杓状软骨相连。唱低音时，声带的开口较大，但随着两侧声带逐渐拉紧、距离更近，音调也逐渐升高。对于极高的音，声带开口很长很窄，并且张力也达到最大。

那声带又是如何振动的呢？当你在说话、唱歌或者发出噪声的时候，来自肺部的气流会撞击声带，进而产生压力，这种压力让声带打开，一小缕空气得以通过。不过，控制着声带开口的肌肉迅速关上，又把气流阻断了。但由于你还在发声，来自肺部的压力仍然存在，因此声带又打开了。这种快速的打开与关闭过程，很像小号演奏者不断打开与关闭的嘴唇。声带在不停地振动，而我们后面会看到，有多种不同的频率与这种振动相关。

声带振动的频率由肺部的气压和声带的机械性能决定，

而后者又由周围的肌肉决定。如果你听到这些肌肉发出的噪声，会发现它听起来类似吹小号的号嘴的嗡嗡声。

男性和女性日常讲话的声音频率范围如下：

男性：70~200 Hz

女性：140~400 Hz

唱歌时，人声的频率会发生变化，通常会更高。人声有一个特征波谱，其中包含一个基音和大量泛音。泛音的振幅（即响度）会随着频率增大而均匀减小，每高一个八度减小12分贝（如图104所示）。不管是日常讲话还是唱歌，声带都是声音的来源，而且令人意想不到的是，歌手与非歌手的声谱非常相似。

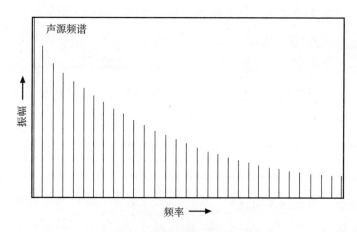

图104　人声的频率振幅的示意图

前面我提到，男歌手可以产生所谓的"假声"，这种声音的频率要比一般的男声高很多。假声是通过两种机制结合在一起在喉部产生的。机制一与空气在通过声门时声门的形状有关。在发出假声时，声门呈椭圆形，因此并没有完全闭合。此外，声带周围的肌肉也控制着声带，让它的边缘更薄、更易振动。

这样，我们便了解了人声的振动是如何产生的。现在来看声音在进入谐振腔以后发生了什么。

谐振腔

对于人声而言，谐振腔是一块我们称之为"声道"的空间。它的作用与小号里的空气柱类似，包含喉部、咽部、口腔，有时还包括鼻腔。和其他谐振腔一样，声道也有特定的共振频率，也就是某些特定频率的声音在通过时振幅会大幅增加。因此，这些频段的声音的响度显著大于其他频段的声音。这种差别对于圆柱形、壁为固体材质的谐振腔而言非常明显，但声道并没有突出的共振频率，主要是因为声道壁比较柔软，比固体材质的壁更容易吸收声波。因此，声道的谐振频率并不尖锐，也不突出。声道的谐振谱里确实也有峰值，但峰值周围的频率也对应着较高的强度，因此我们得到的其实是一系列紧密相连的谐振频率，称为共振峰。

共振峰依赖于声道的形状，通过改变声道的形状，可以改变它们的位置。我们通常把基音和前几个泛音分别称为第一共

振峰、第二共振峰、第三共振峰，以此类推。通常来讲，共振峰大概有5个。研究表明，第一共振峰跟下巴张开的程度有关，

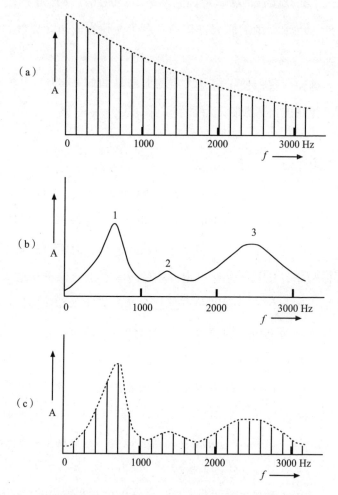

图105　人声的共振峰。（a）离开声道的声音的频谱；（b）声道的频率响应对声音的过滤效应；（c）声音频谱与声道效应的叠加

具体而言是指从声门附近到靠近嘴唇的声道张开的程度；第二共振峰依赖于舌头主体的位置；第三共振峰依赖于舌尖的位置。因此，显然我们可以从某种程度上控制声音的共振峰。

随着声音沿谐振腔传播，它的频谱显然会受到共振峰影响。声音的强度会降低，但由于共振峰的存在，仍然会有峰值。图105描述了这一过程。

共振峰与声道

虽然声道会变化，且不是完美的圆柱形，但我们可以把它近似看作完美的圆柱形，这个类比当然不精确，但可以得出有用的结果。普通男性的声道长度约为17厘米，通过这个数字，我们可以利用公式 $v = \lambda f$ 大致算出头几个共振峰的频率，其中 v 是波速，λ 是波长，f 是频率。首先需要算出波长 λ。我们的声道是一端封闭、一端开口的，因为声门处是封闭的，嘴巴是张开的，通过模型可以轻松得到基音和前几个泛音的频率。计算过程见图106，图中也画出了声道中的波大致包含的波节数。

可以看到，基音波长是 $1/4\lambda$，第一泛音的波长是 $3/4\lambda$，第二泛音的波长是 $5/4\lambda$。将它代入公式，再代入声速340米/秒，就可以得到：

$$f = v/\lambda = 340 \div (4 \times 0.17) = 500 \text{ Hz}$$

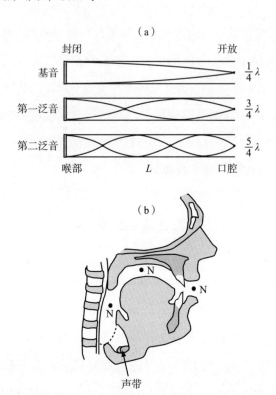

图106 声道中的波。(a)基音和前两个泛音；(b)口腔中的波节位置

用同样方法，可以得到第一泛音、第二泛音和第三泛音的频率约为1500、2500和3500 Hz。如果声道是完美的圆柱体，这几个频率就将是共振峰频率，但我们知道并非如此。不过，共振峰频率还是相对接近这几个值的。此外，前面也看到，共振峰频率会发生很大的变化。例如，还是以男性为例，第一共振峰低可至250 Hz，高可达700 Hz。同样，第二共振峰可在700 Hz到2500 Hz间变化。更高的共振峰频率同

样可以改变。

我们现在来讨论一下声道如何产生不同的共振频率。每个共振频率都对应于一个驻波，而众所周知，驻波上有一些特定的点（即波节）的位置对管长的变化很敏感。如果波节附近的喉咙收缩或者张开了，空间的宽度就会改变整个驻波的形状。例如，喉部收缩会拉伸驻波，增加波长；而喉部张开则会压缩驻波，减小波长。仔细看看驻波，我们就会发现基波的波节在嘴唇附近，因此把嘴张得更大，波长就会减小，频率就会升高。

第一泛音有两个波节：一个位于嘴唇附近；一个位于声道的三分之二长度处。如果声道在这两点处收缩，波长就会增加，频率会降低；反之，如果声道在这两点处张开，波长就会减小，频率会升高。更高的泛音也遵守同样的规律。

音位

我们感兴趣的是，最终从声道得出的是什么样的声音。语言中各种各样声音背后的科学被称为语音学，每个独特的语音元素称为音位。音位包含元音、辅音，以及其他的一些音，比如半元音。这里我们将主要讨论元音和辅音，因为它们对唱歌来讲至关重要。

元音是一类稳定的声音，有确定的音高。我们通常认为元音就是a、e、i、o、u，但我们会以更普遍的眼光来看待它们，把它们当作一类音来讨论。亥姆霍兹在1860年发现，有些元音会带有共振峰，他具体指出了两种共振峰。1924年，罗伯特·佩吉特（Robert Paget）把这一观点拓展到所有元音上，认为所有元音都可以通过两个共振峰来生成。如今我们知道，还有其他共振峰也与元音相关，只是关系没有这么密切，不过我们先不考虑它们。

图107展示了与多个元音相关的共振峰频率。图中给出了元音ee、aa和oo的共振峰频率，如aa（对应于图中的hard）的第一共振峰频率约为570 Hz，第二共振峰约为1100 Hz。这个第一共振峰频率较高，根据我们在上一节里看到的内容，需要嘴张得比较大才能实现。而ee（对应于图中的heed）的

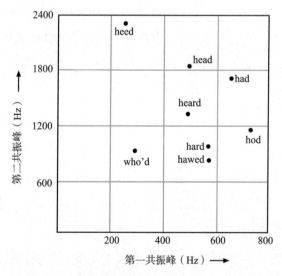

图107　各个元音的共振峰。元音以包含该元音的常见单词表示

第一共振峰频率较低，就意味着发这个音时嘴张得并不大。其他音也是一样，我们之后会讨论更多与它们相关的内容。

辅音和元音不同，其发音方式多种多样。辅音根据发音方式的不同被分为几种类型：p 和 t 叫作爆破音，f 和 v 称为摩擦音，m 和 n 称为鼻音，w、r 和 y 则称为半元音。p 的发音方式是闭紧嘴唇，然后突然强迫它们分开，而 t 的发音方式也类似，只不过闭紧又突然分开的是舌头和上腭。鼻音 m 和 n 的发音位置是鼻腔，大部分声音都是从鼻子里出来的，其他的鼻音也类似。

发音器官

正如前面的讨论所指出的，面部和喉咙解剖结构里的几个部分对各种声音的形成至关重要，包括元音和辅音。我们管这几个部分叫作发音器官。我们已经讨论过一些发音器官了，这里要更深入地探讨它们。主要的发音器官包括下巴、舌头、嘴唇和喉部，它们的运动会以特定的方式改变声道的结构。一种改变方式是收缩或扩张；另一种方式则是改变共振峰。改变共振峰的位置会影响发出的声音，特别是对元音来说。我们刚刚已经看到，对结构改变最敏感的位置是声波的波节处。

第一共振峰受下巴张大程度的影响最大；第二共振峰主要受舌头主体的位置影响；第三共振峰则依赖于舌头安放的方

式。男性与女性的声道大小不同，因此共振峰的频率也不同。

　　发音器官对于元音和辅音尤为重要。舌头的位置、软腭与唇形都会改变声带发出的声音。唱歌需要能完美地发出元音，并清晰地发出辅音。我们已经看到，舌头与嘴唇的位置对一些辅音的发音至关重要，而发音器官的位置对元音也很重要。比如，要发出ee，舌头就需要往上抬一些，并且往前伸；而要发出aa，舌头就要往下压，并且往后缩；要发oo，舌头则就更低了。

唱歌时的共振峰

　　歌剧演员受到过特殊的训练，以让自己的声音能穿过管弦乐团，被观众听到，但其他歌手几乎做不到这一点（当然，有了麦克风以后，这一难题就不存在了）。分析一下大多数歌手的声音频率，就知道这是为什么了。歌手发出的声音平均频率是450 Hz左右，这个频率与交响乐团发出的声音几乎重合。除此之外，歌手的声音与乐团的声音在2000 Hz左右都有一个明显的截断，因此，乐团会淹没歌手的歌声。然而，受过训练的歌剧演员的声音不会被乐团淹没，他们甚至根本不需要麦克风，也能被观众听见。为什么呢？这是因为，受过训练的歌剧演员拥有一个独特的共振峰，其频率要比乐团声音最高的频率还要高，因此在乐团声中也可以轻易被听到。这个共振峰被称为歌唱共振峰。这个共振峰刚好处在最佳的位置：频率高到足以凌驾于乐团的频率范围之上，但又没有过高而超过歌唱家的共振范围。而且，在这个频段上歌唱并不需要歌手额外再付出声乐上的努力。

这个"额外"的共振峰是通过放下喉头来实现的。只要把喉头压到足够低，它就能形成自己的驻波，即产生共振，这一共振的频率比声道中发出的其他共振都要高。

美妙歌声的特征

任何普通人都可以轻易辨识出美妙的歌声，并不需要成为专家才能做到这一点。而我们当中的许多人，或许曾经都有一两次幻想自己成为一位名歌手（通常是在淋浴间引吭高歌的时候）。那美妙的歌声都有哪些主要特征呢？我们先来比较一下唱歌的声音和说话的声音。人们通常会描述说，唱歌的声音要比说话声音"暗"一些，一个人在边打呵欠边说话的时候也会发出这种"暗"的声音。唱歌的时候，歌手会把喉头往下放，咽部最低的位置也会扩大。

仔细观察两种声音的差异就会看到，说话的声音和唱歌的声音的波形大不相同。说话声里会有大量不同频率的波，就算它们经过声道的共振，得到的信号仍然很像声带直接振动产生的曲线，因为这些不同的频率把共振峰填平了。然而，当我们唱出一个音的时候，这个音只包含少数几个频率，也不会把共振峰填平。高音尤其如此，因为高音的各个频率成分相距很远。不过，歌手们可以在一定程度上弥补单薄的频率成分。

现在回到美妙歌声有何特征的话题。我们发现，对喉头位置（即高度）的控制非常重要。大多数歌手对喉头的控制都不如歌剧演员，但仍然有一定的控制力。在说话时，我们会无意识地不断上升或者下降喉头位置，而好的歌手也必须对喉头有很强的控制力。

此外，优秀的歌手应该有相对较宽的音域，而且更重要的是，在整个音域内都有很好的音色。音域和音色很依赖声道的形状、长短和其他特征，也依赖声带本身的机能。一个人的音域是由声带的大小、形状和对称性，以及对胸部肌肉和声带肌肉的控制力决定的。此外，歌手能产生的泛音的数量和泛音结构，对歌手的声音来说也很重要。

不同的歌手可以根据音域分成以下几类：

女高音 C_4—C_6（264~1047 Hz）

女低音 G_3—F_5（196~698 Hz）

男高音 D_3—C_5（147~523 Hz）

男中音 A_2—G_4（110~392 Hz）

男低音 E_2—D_4（82~294 Hz）

大多数流行歌手的音域都在男高音范围内，或者说，除了歌剧演员以外，大部分歌手的音域都在男高音范围内。大体上，其他的声部只有在歌剧与合唱团里才有用武之地。

美妙的歌声所具有的另两个特征是颤音和震音。颤音是一个音符周期性的频率改变，通常幅度为5~10 Hz。颤音的周期通常非常短，且在颤音过程中响度保持不变。而震音则相反，是让声音频率保持不变、响度周期性变化的技术。震音是通过使喉部肌肉震动来实现的。在很多情况下，歌手会把颤音和震音结合起来。

著名的歌手

在本章一开始，我们介绍了埃尔维斯·普雷斯利的职业生涯，现在我们来介绍其他几位歌手。20世纪最著名的歌手之一是弗兰克·辛纳特拉。他生于新泽西州霍博肯的一个中产阶级家庭，职业生涯始于摇摆乐时期。他的第一份工作是与哈里·詹姆斯的乐队合作，在那里，他录制了几首歌曲，也积攒了不少经验。不到一年，他便离开哈利·詹姆斯的乐队，加入了规模更大的汤米·多尔西的乐团，并马上以《我将不再微笑》（I'll Never Smile Again）登上畅销榜。在接下来的几年里，他在"波比短袜派"（指20世纪40年代的一群新潮少女，喜欢穿短裙和白色袜子）里极受欢迎，在他唱歌时，这些少女会为他痴迷、为他尖叫。1943年，辛纳特拉与哥伦比亚唱片公司签约，不久就成为整个国家第二受欢迎的歌手，紧随宾·克罗斯比。他在1940—1943年间有23首单曲蹿上畅销榜前十名，由此可见他受人喜爱的程度。

1945年，他开始兼任演员，并与吉恩·凯利（Gene Kelly）共同出演了《起锚》（*Anchors Aweigh*）和《带我去看棒球赛》（*Take Me Out to the Ball Game*）。不过，直到1948年，他的事业开始停滞不前，唱片销量也下滑了。20世纪50年代初，唱片销量持续下滑，因此在1952年，哥伦比亚唱片公司抛弃了他。差不多就在这时候，他与女演员艾娃·加德纳结婚。虽然他的事业在不断衰退，但他妻子的事业却风生水起，这严重影响了他们的婚姻。没过两年，他们便离婚了。

1953年，辛纳特拉的事业终于有了一丝转机，即将迎来翻盘。转机来自他以电影《永垂不朽》（*From Here to Eternity*）获得了奥斯卡最佳男配角奖。之后几年，他又发了几首畅销金曲，并参演了几部电影：与罗伯特·米彻姆（Robert Mitchum）合作的《明月冰心一照杏林》（*Not as a Stranger*），以及与黛比·雷诺斯（Debbie Reynolds）合作的《温柔的旅行》（*The Tender Trip*）。1955年，他以《金臂人》（*The Man with the Golden Arm*）一片再次走红。之后，他又录制了《与我翱翔》（Come Fly with Me）、《我本可整夜跳舞》（I Could Have Danced All Night）和《黑暗中跳舞》（Dancing in the Dark）。这几年里，他大部分时间在拉斯维加斯度过，他在那里与鼠帮乐队（Rat Pack）关系密切，这个团体里包含辛纳特拉、迪恩·马丁、小萨米·戴维斯（Sammy Davis Jr.）、彼得·劳福德（Peter Lawford）和乔伊·毕晓普（Joey Bishop），极受欢迎。

辛纳特拉职业生涯晚期的名曲包括《夜间的陌生人》（Strangers in the Night）、《这就是生活》（That's Life）和《我的方式》（My Way）。后者是一首法国歌曲，由保罗·安卡（Paul Anka）翻译，之后便一直与辛纳特拉的名字联系在了一起。

辛纳特拉的声音风格比较自由流畅，歌唱和断句风格连贯平滑。他的音域也相对较广，上达高音F，下到低音E。他演唱乐句的方式为人称道，而且保持长音的能力也很强。

另一位事业经久不衰的歌手是托尼·本内特（Tony Bennett）。他生于纽约市的皇后区，听着阿尔·乔逊、宾·克罗斯比，还有路易斯·阿姆斯特朗等爵士歌手长大。他尤其喜欢爵士，很多歌曲都带有爵士风格，不过他通常被看作是一位流行歌手。本内特1944年被征召入伍，见证了第二次世界大战最后几个月的多场战斗（差点儿战死）。战后，他决定重拾歌唱事业。虽然到那时为止他已经唱了很多年的歌，但仍默默无闻。1949年，他最终被珀尔·贝利（Pearl Bailey）注意到，成为她演出的开场表演者。1950年，他与哥伦比亚唱片公司签下合约。

他的第一首热销曲是《因为你》（Because of You），这首歌冲上了畅销榜的第一位。之后，他又翻唱了汉克·威廉姆斯《冰冷的心》（Cold, Cold Heart），然后在1953年推出《白手起家》（Rags to Riches），在畅销榜榜首雄踞8周。但到了1955年，摇滚时代开始，本内特和其他的低吟男歌手渐渐衰落。20世纪50年代末他为数不多的几首畅销曲之一是《在岛中央》（In the Middle of an Island），排在畅销榜第9。

如今，与他联系最紧密的一首歌是《我把我的心留在了旧金山》（I Left My Heart in San Francisco），于1962年推出。这首歌只排在流行榜第19，但同名专辑位列前五，这首歌还为他赢得了一座格莱美奖。在此之后，他多年间未能达到同样的成就。不过，20世纪80年代中期，他又火了一阵，不是因为他推出了新歌，而主要是他的老歌又流行了起来。在某种意义上，他为自己的音乐"找到"了新的受众，而且让他欣慰的是，他的这群新受众里很多人还很年轻。本内特直到80多岁的时候还在巡回演唱。

本内特的声音处于男高音音域，他的乐句处理不同寻常。早期，他学会了模仿乐队中各种乐器的声音，后来也经常使用这种技巧，观众十分喜欢。

有着重要地位、值得一提的流行歌手还有很多，但我在这里只能列出一小部分。早期伟大的爵士歌手之一是比莉·荷莉戴（Billie Holiday），路易斯·阿姆斯特朗在歌唱方面也和他的小号演奏一样知名。其他知名的流行歌手还有宾·克罗斯比、迪恩·马丁、雷·查尔斯，以及后来的惠特尼·休斯顿、芭芭拉·史翠珊、麦当娜、席琳·迪翁、比利·乔尔、艾尔顿·约翰。在乡村音乐方面，早期重要的歌手有吉姆·里夫斯、佩茜·克莱恩（Patsy Cline）和汉克·威廉姆斯，后来的歌手有约翰尼·卡什、加斯·布鲁克斯（Gath Brooks）、瑞芭·麦肯泰尔（Reba McEntire）、阿兰·杰克逊（Alan Jackson）和文斯·基尔（Vince Gill）。

在古典领域，也有很多重要的歌唱家，我也只能列出一小部分。最伟大的早期歌剧歌唱家之一是意大利歌唱家恩里科·卡鲁索。他是20世纪前十年最受欢迎的歌唱家，不限领域。卡鲁索生于意大利的那不勒斯，家里很贫穷，父母生了七个孩子。18岁，靠着在当地的度假区唱歌挣的钱，他才给自己买了第一双鞋子。1903年，他首次去往美国，在纽约市的大都会歌剧院首演。三年后，他在旧金山演了《卡门》，演出后第二天的凌晨，1906年旧金山大地震发生，他差点儿在地震中丧生，便发誓再也不在旧金山演出，也确实做到了。

卡鲁索48岁时英年早逝。他的声音雄浑有力，音域宽广，音色优美。一开始，他是名男中音，后来改唱男高音。他是第一批大量录制唱片的艺术家之一。1951年，马里奥·兰扎（Mario Lanza）在电影《伟大的卡鲁索》中饰演他，描绘了他的一生。

最广为人知的现代歌剧歌唱家是男高音卢恰诺·帕瓦罗蒂，他在2007年去世。帕瓦罗蒂生于意大利米兰，1965年在美国首次演出。这场演出并没有取得太大的成功，但1972年他在纽约大都会歌剧院的演出弥补了首演的遗憾。在节目结束后，他谢幕了17次，这是个前所未见的数目。之后的几年里，他在全球的歌剧院里巡演，也无数次出现在电视上，还获得了几项格莱美奖和金唱片奖。

帕瓦罗蒂是取得极大成功的"三大男高音"之一，另外两位分别是普拉西多·多明戈和何塞·卡雷拉斯。这三位歌唱家于1990年在罗马举行的世界杯闭幕式上首次聚首，共同演出，之后也在各种场合共演，包括现场和电视上。

20世纪90年代，帕瓦罗蒂在伦敦海德公园的户外音乐会创下了观众数量的纪录：15万人现场聆听了他的演唱。1993年，他在纽约中央公园的音乐会又打破了自己创下的纪录：50万人来到了现场。

普拉西多·多明戈可以说是第一位世界知名的非意大利歌剧演员。他生于西班牙的马德里，不过8岁时就搬到了墨西哥。他在墨西哥国立音乐学院学习，在1968年去到大都会歌剧院演出。他和帕瓦罗蒂一同列席三大男高音，而且职业生涯也很长，在舞台上扮演了92个不同的角色，大多数都是在著名歌剧院的舞台上。他偶尔还会涉猎流行音乐，曾与流行歌手约翰·丹佛共同录制了《如果爱》(Perhaps Love)，也与朱莉·安德鲁斯一起上了电视。他以强大而又多变的男高音而为人称道。

著名的歌剧女演员则包括玛丽亚·卡拉斯、贝弗利·西尔斯（Beverly Sills）和罗伯塔·彼得斯（Roberta Peters）。卡拉斯生于纽约，但是在希腊雅典接受的音乐教育。她一开始在希腊国家歌剧院饰演了一些配角，然后于1942年在希腊上演职业生涯首秀。1945年，她离开希腊来到美国，但没过多久又离开美国去往意大利，在那里她奠定了事业的基础。1952年，她在伦敦首演，1954年又在美国首演。她是一名女中音，音域达到三个八度，可以轻松地唱出长而难的段落。

女高音贝弗利·西尔斯1929年生于布鲁克林，2007年去世。10岁的时候，她就跟父亲说，她想成为歌剧明星。父亲很惊讶，并且有些担忧。自然地，他没有理会女儿这个想法。然而，这个梦想最终实现了。后来，西尔斯曾说："如果失败，你可能会失望，但如果你根本不去尝试，就注定没有好结果。"

西尔斯早年职业生涯一直在美国度过，直到后来才去了欧洲，再到全世界。她1945年在吉尔伯特与沙利文巡演公司的演出中首演，首次舞台演出则是1947年在费城市民歌剧院，参演了《卡门》。20世纪六七十年代，西尔斯是全球最知名的歌剧演员，还上了《时代》杂志封面。1980年，她从演唱事业上退休，做了纽约市歌剧院的总经理。

　　另一位值得一提的美国歌剧演员是罗伯塔·彼得斯。她1930年生于纽约的布朗克斯，也是从很小就开始梦想成为歌剧明星。13岁时，她在歌剧明星简·皮尔斯（Jan Peerce）面前演唱过，皮尔斯很欣赏她的声音。20岁时，她就在大都会歌剧院首演，演出大获成功。多年来，她出演了数不清的歌剧，还出现在两部电影中。她上了65次《埃德·沙利文秀》，这一次数创下了纪录。

第四部分

新科技与声学

第13章　电子音乐

　　想象一下下面这个场景：四个人决定成立一支乐队，每天晚上都在其中一位成员家的车库里排练。最终，他们的水平足以在当地的夜店里演出了。然后有一天，一位成员说："我们录一张唱片吧。"他们一致同意，然后就购买了所需要的东西，录了一张CD，迅速走红。当然，这个过程是我们想象出来的，但毫无疑问，这样的事情在整个美国发生过几百次。而且近年来，随着互联网的发展，以及音乐家们能接触到越来越多的新技术，这个过程变得越来越容易了。

　　在这一章中，我们就将了解到这些新技术，以及它们是如何改变音乐的。有两种创新技术对音乐产生了尤其巨大的影响，它们就是合成器和音序器。顾名思义，合成器就是用来合成声音的设备，换句话说，它可以从零开始生成任何乐器的声音，不管是三角钢琴、小号，还是鼓。这么一看，这种设备或许会让音乐家们失业，但事实当然并非如此。（当然，可能有人会不同意我的意见。）音序器则是帮助音乐家录制音乐用的，录制完成后可以编辑、修改并重新播放声音。

合成器与音序器

合成器是一种可以产生用于音乐声音创作的电子波形的设备。合成器分为两种：模拟合成器和数字合成器。模拟合成器利用"减法"合成来产生信号，数字合成器则用"加法"合成来产生信号。电管风琴就是一个使用加法合成的乐器的例子。电管风琴的内部会产生类似于我们之前介绍过的正弦波，然后再把不同的正弦波相加，也就是混合到一起，形成复杂的波形，就是我们最后听到的音乐。模拟合成器使用的技术与此类似，但它们使用的是相减的方法，而非相加。模拟合成器会先用电子振荡器产生正弦波和其他的波形（如锯齿波或方波），然后再通过滤波器过滤掉一些频率，最终产生想要的波形。

电子振荡器是一类用电路产生各种波形的设备。产生的波形就是合成器采用的"原材料"。这些原材料通过的滤波器有几种类型。最常见的是低通滤波器，它只让低频通过。还有高通滤波器，只让高频通过。

早期的合成器都是模拟合成器。通过这类合成器，可以直接处理音频信号，也就是操纵并储存信号（波形）。不过，随着数字技术的出现，数字合成器也诞生了，它与模拟合成器有很大的不同。在数字合成器中，波形是由数字来表征的（如同数字计算机里的数字信号一样），我们可以之后再检索这些数字，把它们转换回波形，传送到扬声器里，形成音乐。而我们后面会看到，数字信号比复杂的波形处理起来更方便、更容易。

　　第一批合成器出现在 20 世纪 50 年代中期的实验室和录音室里。这些模拟合成器体积很大，难以操作，包含很多电子结构——振荡器、放大器，还有各种滤波器。这些机器上面还带有无数旋钮和按钮，操作者需要不断操作并调节。这类合成器的操作者不仅得是音乐家，还得知道怎么控制这些旋钮和按钮，以获得自己想要的声音。

　　第一批合成器中有一款是由 RCA 公司制造的，叫马克 II（Mark II），存放在纽约哥伦比亚－普林斯顿电子音乐中心，是一台体形很大的电子设备，使用的是真空管。20 世纪 50 年代末 60 年代初，还有其他很多合成器被制造了出来，放在录音工作室里。这个时期的合成器虽然还是模拟的，但真空管已经被晶体管所替代，电子设备的体积变得更小了。

　　第一台小到可以被音乐家使用的合成器由罗伯特·穆格（Robert Moog）制造。穆格合成器诞生于 1964 年，人们一开始只是把它看作一种新奇的玩意儿，但不久就意识到了它的重要性，特别是当用它制作出很多畅销歌曲之后。第一张由合成器制造的百万销量的专辑是《电音巴赫》(*Switched-On Bach*)，发行于1968年。约一年以后，门基乐队（Monkees）用穆格合成器制作出一张专辑，登上了排行榜榜首。

穆格合成器比此前的合成器都小，但它仍然包含好几个组成部分，用电线连接，不太容易操作。要让合成器更受音乐家的欢迎，就需要对它进行改进，提高其效率，这样的改进出现在1970年。改进后的机型叫"迷你穆格"（Minimoog），它只包含一个机身，有内置的键盘，便于携带，也相对易于使用。因此，在接下来的几年里，它成了有史以来最受欢迎的合成器。甚至詹姆斯·邦德系列电影《女王密使》中的音乐也是用它来生成的。

所有早期的合成器都是单声道的，即一次只能产生一个音。20世纪70年代初，出现了第一批可以同时产生两个音的合成器。1976年，第一台复音合成器也诞生了，这台合成器可以同时产生好几个不同的音。最先出现的复音合成器中有一款叫先知-5（Prophet 5），它可以同时产生5个音。

大概也在这时候，IBM和苹果公司开始生产个人电脑，计算设备相关的技术迅猛发展。随着晶体管（以及之后的集成电路）代替真空管，计算机体形变得越来越小，计算机工业这方面的进展也直接影响了电子音乐工业。合成器体积越来越小，并且很快实现了量产，让普通大众也能用得上。当时市场上出现了两种不同类型的合成器：一种是正统的合成器，可以在一个音上叠加各种各样的泛音来产生适当的音色和其他声音特性；另一种本质上并不是合成器，但也能产生乐音，称为采样器。某种原声乐器演奏的音的录音称为样本，它储存了乐器演奏的声音包含的所有信息（包括谐波成分等）。采样器对音乐产业非常重要，我在之后会用大量的篇幅来讨论它。

20世纪70年代末，数字技术已被广泛使用，大多数合成器都是数字的，甚至没过几年市场上几乎没有模拟合成器了。数字合成器以电脉冲为基础，都有数字控制接口（输入和输出端），可以与其他单元相连接。但有一个问题，每家制造商采用的设计都不同，一家的组件跟另一家的组件不相容，很不方便。最后，在很多音乐家和制造商的推动下，1983年业界发展出了一个统一的系统，称为MIDI（乐器数字接口的简称）。

自那以后，所有设备都有了MIDI接口，也就是MIDI输入口和MIDI输出口。这样，任何机器——不管是哪家制造商生产的——都可以互相连接起来。MIDI不是一种设备，而是一种接口，或者说语言，用来在不同的电子音乐设备之间传递信息，让它们能相互交流。

当你在演奏装有MIDI设备的乐器时，设备会产生一系列MIDI指令，描述你演奏的音符的所有信息：频率、时值、速度，等等。声音本身并没有被录下来，记录的仅仅是一系列

MIDI指令而已。要重新播放这些音，把MIDI输出信号送回键盘或者任何声音模块，就可以产生声音了。

随着MIDI的发展，多种MIDI设备很快就在音乐产业中扮演了核心角色。其中一种设备就是MIDI音序器，它也属于我们前面讨论过的音序器，但是以MIDI的形式工作的。它可以记录下键盘产生的MIDI数据，以供编辑和储存。音序器可以像以前的磁带一样记录下音乐家的表演，但用的不是磁带，而是MIDI信息。比方说，你在键盘上演奏音符G，音序器就记录下了对应着G的数字信息，之后你让音序器演奏记录下的音，它就会演奏G。

大约在同一时间，首批可编程的节奏机器（也就是鼓）也上市了。第一款可编程鼓出现在1978年，紧接着又出现了其他几种。最早的可编程鼓用的是模拟信号，但到1980年前后，数字机型也出现了。跟电子鼓密切相关的是采样器。前面我们得知，采样器是一种与合成器类似的电子乐器，主要区别在于采样器并非从头开始合成声音，而是以真乐器的录音为样本产生声音的。采样器几乎可以回放任何被录下来的声音，通常也带有编辑功能，可以修改或修饰声音。因此，样本和采样成为近年来音乐产业里最令人兴奋的进展。大多数早期的采样器都是独立的硬件单元，但如今利用计算机和软件就可以轻易进行采样。此外，还有多种多样的外接模块可以使用，我们后面将会详细讨论。

模拟与数字

前面看到，早期的电子音乐设备都是模拟的，也就是把声波当作电信号来处理。但随着计算机数字技术的发展，数字合成器涌入市场（大约在20世纪80年代中期），它们产生的声音极其精确、完美无缺。然而，音乐家们已经习惯了模拟声音所带来的些许缺陷，这在他们听来更像自然的声音。或者说，数字声音缺少了模拟声音的"人情味儿"。因此，就算在数字合成器诞生以后模拟合成器迅速过时，很多音乐家还是向往着"老的声音"。所以，如今很多数字机器也在采用模拟机器的技术，产生了某种"混合"的声音。甚至有的老式模拟机器复兴了，再次回到市场上，虽然大多数都采用了一些数字技术。

建立录音系统

为了了解一下现代录音系统是什么样的，我们先来简单探讨一下用哪些方法可以建立一个录音系统。既然MIDI在音乐产业中处于中心地位，我们默认要建立的系统是MIDI系统。要想建立这个系统有三种方法，但近年来其中一种（软件音序）逐渐占了上风。我们会看到，软件音序的方法充分利用了计算机。由于这种方法最为重要，我们大部分的讨论（尤其是下一章中的内容）将会围绕着它来进行。

这三种方法中的第一种称为独立运行系统。几年前的音乐家采用的就是这类系统，它包含几个独立的单元：一台合成器、一台录音机（也可能是合成器内置的）、一台混音器（用来把声音混合到一起）、扬声器、一到两个麦克风（用于外部音频），还有其他几样设备。你在大型的专业录音室里会见到这些设备，很适合录制现场的演奏或演唱。然而，对于大部分业余爱好者而言，走这条路太昂贵了。单独的音序器、录音机、混音器等设备价格高昂，把所有这些设备备齐需要相当大一笔开支。而且，采用这类系统也需要你有相当多的知识储备与技术能力。还得把所有的设备都连起来，这些连接都是外部连接。

第二类系统被称为整体录音系统（studio-in-a-box，简称SIAB），它把录音机、混音器、效果处理器等设备都集成在一个单元里，这样就不用操心它们之间的外部连接了。要使用它还得自备乐器和麦克风，但录音所需要的一切设备都在这个盒子里了。它是便携的，就好像随身携带了一整个录音棚一样。大多数情况下，你甚至都不用自备电源，很多SIAB单元自己就带电池。除了独立自足、易于使用之外，这类系统通常还自带一个键盘，而且不容易出故障。

不过，整体录音系统也有缺点。其一，所有的SIAB系统都很昂贵，而且随着科技不断更新迭代，可能没过几年你买的产品就过时了；此外，它们也不像基于计算机的系统那么灵活。

SIAB 系统的一个变体是所谓的"工作站"，这是一种包含一台音序器、一个键盘，通常还带有一系列音源的装置。它的优点当然也是把键盘、音序器和音源结合在了一起。如果要连接其他设备，还是需要外接，但只用这几个设备已经可以做出高质量、专业级别的录音了。不过，工作站也很昂贵。（近年来，"整体录音系统"和"工作站"这两种系统之间的界限开始模糊，而且这两种说法也经常不加区分地使用。）

第三种系统就是如今业余爱好者和很多音乐家最青睐的软件音序系统，也是最便宜的。这类系统基于计算机或软件测序，最主要的成本来自电脑，但大多数人已经拥有电脑了，因此价格不是问题。不管是普通电脑还是苹果电脑都能顺利运行这类系统。另一个主要费用是配备一个支持 MIDI 功能的键盘，这类键盘便宜的几百美元，贵的几千美元。此外，还需要有一个 MIDI 录音软件、MIDI-计算机接口单元，以及外置的声音模块和一块好的声卡，电脑的储存容量也要够大。

MIDI 入门

既然 MIDI 在现代电子音乐中如此重要，有必要详细地介绍一下它。前面说到，MIDI是把多种多样的乐器和音乐设备连接在一起的"语言"。它是一种数字系统，因此它使用的是由0和1（即"开"和"关"）组成的数字语言。MIDI的概念首先由美国时序电路公司的戴夫·史密斯（Dave Smith）在1981年提出，提出后迅速吸引了很多人的兴趣。如今，所有的音乐录音都是用MIDI设备制作的，而MIDI所做的事情比录音还要广泛得多，它也控制着很多硬件单元。具体而言，它让合成器、计算机、控制器和采样器得以互相交换数据，互相控制。因此，我们可以把MIDI定义为一套全面的"音乐指令"，电子乐器可以用它来互相控制。最关键的交流是通过"MIDI消息"来进行的，它包含几个字节的数据。这些数据形成了一条消息，本质上只是一系列二进制数字，我们称之为MIDI数据文件。MIDI数据文件比一般的音频文件小很多，占据的存储空间更少，因此使用起来更为方便。MIDI数据文件只会往一个方向传送，因此任何MIDI设备都必须有两个MIDI连接口：MIDI输入和MIDI输出。在很多接口处还会有一个MIDI传送口，可以让几个MIDI设备形成"菊花链"。

MIDI数据流通常在MIDI控制器中产生，它可能是键盘，也可能是MIDI音序器。在键盘上演奏可以产生一系列MIDI数据，它们从MIDI输出口输出，可能会去往不同的地方，但最常见的是进入某个MIDI声音模块，这个声音模块会从MIDI输入口接收到MIDI消息。键盘的输出还可能进入MIDI

音序器，而音序器的输出口可能会再连接上一个或多个声音模块。

现在来看看MIDI指令是做什么的。MIDI指令有几百种，以键盘为例，按下一个键（比如G），第一个指令就是告诉设备如何发出声音的，我们管它叫作"音符开"。一台钢琴有88个键，因此必须得有足够多的消息能表征出每个音。实际情况中，MIDI乐器可以有128个不同的音。同样，得有"音符关"的指令来标志声音的结束。你在按下琴键后，发出的声音会有特定的音量以及其他的特征，如余音，这些特征都会由MIDI消息来描述。

如果这些消息被传送给MIDI音序器，它们就可以被储存和编辑。之后，我们可以把编辑后的数据通过MIDI输出口传给声音模块，声音模块再重新播放出你刚刚在键盘上演奏出的声音。

这只是对于MIDI是什么、能干什么的简单描述。下一章，我们会讨论到更多的细节。

麦克风

如果你要录人声，或者是不能直接接入MIDI系统的乐器的声音，那你就需要用到麦克风了。麦克风在现场表演中也是必要的。麦克风包含三类：电容式、动圈式和铝带式。

这三类不同的麦克风对声音的响应略有不同，特别是在动态范围、频率响应和指向性方面。动态范围是麦克风可以产生正比于声音振幅的电信号的声强范围。有些麦克风的动态范围是0~100 dB，有些则是60~140 dB，乃至更大，因此你需要根据自己的实际用途来选择合适的麦克风。频率响应指的则是在不同频率下，给定的声压会产生多强的电信号。理想的频率响应是在很宽的频率范围内频率响应都是平坦的。最后，指向性指的是麦克风从各个方向拾音的能力，绘制成图通常被称为极性模式图。

在这三类麦克风中，动圈式麦克风倾向于加强中间频率的声音，电容式麦克风的频率响应则覆盖区域广泛，铝带式麦克风的频率响应在高频区域会逐渐降低，在低频区则会倾向于把声音都混在一起。

电容式麦克风

顾名思义，电容式麦克风的主要成分是电容器。电容器在电气和电子工业领域有广泛的应用。它内含两个金属板，两块板上带有相反的电荷，因此板之间有电场，其强度依赖于板上的电荷量。在电容式麦克风中，前板是一张膜片，可能由金属制成，也可能由镀塑料的金属制成，有时候也采用聚酯薄膜作为材料。它被隔空放在另一块称为后板的金属板对面（见图108）。在膜片与后板之间施加一个小小的电压，它们之间的空间中就产生了电场。当你对着膜片说话或唱歌时，金属板会振动，这种振动会改变两板之间的距离，因而也会改变电场。因此，振动就产生了电信号，电信号随即被送往放大器。

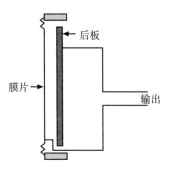

图108 电容式麦克风示意图

电容式麦克风分两种，有的膜片较小，有的膜片较大。小膜片的电容式麦克风在高频区的响应很灵敏，因此适合录弦乐器与原声吉他演奏的声音；大膜片的电容式麦克风则适合录人声，它能产生一种温暖、饱满的声音，中高频区的响应非常出色。

动圈式麦克风

动圈式麦克风把声音转化为电能利用的是磁场，而非电场。具体而言，它采用的原理跟电动机类似，也就是在磁场中，带电流的线圈会受到一个力，其强度既正比于电流，也正比于磁场强度（且这个力的方向同时垂直于电流方向与磁场方向）。这一原理也可以理解成两个磁场的相互作用。

在动圈式麦克风（如图109）中，膜片由塑料或聚酯薄膜制成，位于线圈（即音圈）的顶端，线圈则位于两块磁铁之间。当你对着麦克风说话或唱歌时，膜片会振动，从而带动音圈在磁铁间移动。结果就是，音圈中产生了正比于声音强度的电信号。

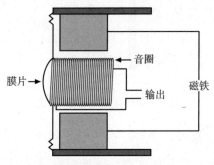

图109　动圈式麦克风示意图

虽然动圈式麦克风并不适合某些类型的录音，但它非常经久耐用（长期粗暴使用也不容易坏），因此在现场演出中很常用。它们也比电容式麦克风便宜很多。

铝带式麦克风

铝带式麦克风的原理与动圈式麦克风相同，主要差别在于用的不是音圈，而是一条铝带（如图110所示），膜片位于铝带前面。很多音乐家尤其青睐铝带式麦克风，因为它能产生一种"丝绸般"柔和的声音，但这种麦克风既娇贵又昂贵。

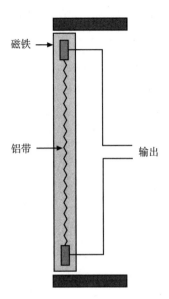

图 110　铝带式麦克风示意图

极性模式图

　　这三种麦克风都只能捕捉到特定方向上的声音。在录制不同种类声音的时候，你可能有时希望捕捉到所有方向的声音，有时希望以心脏线的形状捕捉声音，有时希望捕捉两头的声音（见图 111）。全方向的麦克风可以捕捉到麦克风周围360 度所有方向的声音，在录制一大群音乐家或是乐团演奏的声音时最为有用。心脏线收音的麦克风一般只会拾取麦克风前面的声音，因此当你需要控制麦克风后面的噪声时比较有用。"8字型"的麦克风则是双方向的，它会拾取两个方向的声音（这两个方向通常成180度角），在录制两个音乐家发出的声音时比较有用。大多数麦克风产生的信号都比较弱，需要通过前置放大器来放大。

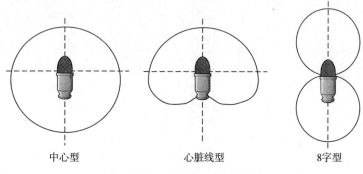

中心型　　　　　　　　心脏线型　　　　　　　　8字型

图111　麦克风的三种不同极性模式图

扬声器（喇叭）

与麦克风密切相关的另一个设备是扬声器，也就是喇叭。麦克风会响应声音，形成电流，而扬声器则会响应电信号，产生声音。简而言之，扬声器会把电信号转化为物理振动，进而产生声音，而产生的声音与最初让麦克风膜片振动的声音几乎一样。

扬声器中产生振动的单元称为激发器，它包含一个柔性的锥形膜片，材料可能是纸、金属或塑料，与一个折环相连。

折环则连接在激发器的框架（即盆架）上。锥形膜的中间则连接着一个音圈（与麦克风中的音圈类似），音圈由一块定芯支片（也就是一圈柔性材料）支撑着。这些组成部分都在图112中标示了出来。

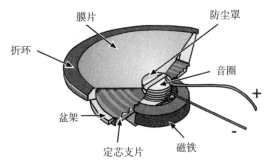

图112 扬声器（喇叭）的详细结构

前文中，我解释了麦克风中音圈的工作原理，不过在这里，我将以一种看似不同但原理完全等价的方式再次阐释该原理，这样会对读者的理解有所帮助。音圈实际上是一块电磁铁，也就是一根导线绕在一块铁棒周围形成的线圈。线圈中有电流通过时，它会像一块磁铁一样，而在扬声器中，它被一块有南北极的永磁铁所包围。音圈也会产生南北极，它的南北极与永磁铁的南北极相互作用——众所周知，磁铁的同极相斥、异极相吸。音圈中的电流是交流电（AC），因此电流方向会持续变化，造成的结果是音圈的磁极也会不断变化。因此，音圈会受到一个来回变化的力，让它像活塞一样相对于永磁铁来回运动。换句话说，在电流改变方向的时候，音圈产生的磁场的方向也会不断掉转，让音圈与磁铁之间的力不断变化。

音圈与锥形膜片相连，因此，音圈的运动会带动膜片运动，从而带动音圈前方的空气，形成声波。音圈运动幅度越大，锥形膜片振动的幅度（即波幅）也越大。单位时间内音圈移动的次数反映了声音的频率。如果原理就这么简单，就很好理解了，但事实并非如此。由于声音的频率范围很大，我们需要几种不同的激发器才能获得理想的效率，它们分别是低音激发器、高音激发器和中音激发器。低音激发器最大，负责产生低频的声音；高音激发器最小，负责产生高频声音；中音激发器大小适中，负责产生中等频率的声音。

很容易理解为什么不同频段所用的激发器大小不同。低频激发器振动得最慢，需要移动更多的空气才能让声音被人听到，因此它们会更大。高频的激发器振动得很快，因此它们体积更小也很合理。

同一个扬声器里包含三个激发器，就意味着需要把信号根据频率分成几部分。完成这一任务的系统被称为分频网络，由电容器和电感器组成。分频网络有两种，一是主动分频，二是被动分频。被动分频网络并不需要额外的功率源，直接靠通过该网络的电信号来激活；主动分频网络则需要每个激发器都增加一个放大电路。被动分频网络更为常见。

激发器和分频网络都处在同一个单元里，即扬声器箱。你可能以为扬声器箱的整体结构并不重要，但其实它很重要。扬声器遇到的最大问题之一就是膜片会来回运动，因此它不但会产生往前的声音，也会产生往后的声音，这两个方向的声音会互相干扰。通过箱的设计来解决这个问题有几种方法。其一被称为密封箱：在这种情况下，外壳整个被密封住，因此往前的声波会传播到外面，往后的声波被封闭在箱的内部。在有些设计中，往后的声波会被反射到前面，因而对往前的声波反倒起到了辅助的作用，这种设计被称为低音反射式扬声器箱。

上面详细描述的动圈式扬声器是最常见的扬声器，但也存在其他种类的扬声器。一种是静电扬声器，它以一块很大的导电薄板作为膜片，悬置在两块静止的带电导体板之间，两块静止的导电板之间会产生一个电场（类似于电容式麦克风），电信号从中间悬置的板中经过，随着电流的变化会相对于两侧静止板移动，从而产生声音；另一种扬声器是平面磁性扬声器，它使用一条很长的金属带悬置在两块磁片之间，与铝带式麦克风类似。

不管哪种扬声器，都可以根据其用途被分为两类：近场扬声器和远场扬声器。近场扬声器在3~4英尺（1米左右）远听起来效果最好，经常用在录音棚中，远场扬声器的使用距离则大于1米。

记录声音：CD和DVD

几十年间，LP黑胶唱片一直是储存音乐的标准介质。黑胶唱片上有螺旋状的槽，音乐正是从外缘逐渐向内被记录在这些槽中。如果仔细观察这些槽，你会发现它的底部是波浪状的，有一系列与表面成45°角的峰和谷。LP最终被磁带所代替。在磁带中，录音设备变化的电流会让磁带上不同的区域被磁化的方式不同，也就是磁带表面的单个原子受到施加的磁场所影响而朝向不同的方向。

记录在CD上的音乐是数字形式，也就是以一系列数字的形式被存储下来，播放时再重新变成音乐。CD的采样率是每秒44100次，其信息被记录在一张小小的光盘上螺旋状的凹槽中，不过与LP不同，CD上歌曲的读取是从内到外的。在凹槽上，有一系列凸起和平坦的区域，CD机就用一束细细的激光对准凹槽，在光盘旋转（通常速度为每秒200~500转）的同时不断读取。激光碰到平坦区域时会完全被反射回去，碰到凸起区域时则会被散射开，结果就形成了一系列明暗相间的区域。被反射回去的光进入传感器，把明亮的区域读作"开"，把暗区域读作"关"，每个"开"或者"关"都是1位的数字信息，被储存为1（开）或者0（关），因此得到的结果就类似于01001100110。16位的信息组成了一个"词"，而在音乐

CD中，每个词有65536种可能性。声音的波形就由这些词来定义，这个过程被称为脉码调制（PCM）。在CD旋转的同时，每秒有44100个样本从左右两个声道收集起来，它们被送往数字-模拟转换器（DAC），从中被转换成音乐波形，音乐波形再被送往放大器，最后进入扬声器。

1977年，出现了一种新类型的光盘，同样大小的光盘（直径约5英寸）可以储存20倍于普通CD的数据，这种光盘被称为DVD，它使音乐产业发生了巨大的变革。现在，电影可以被装在小小的一张光盘上，而所有被拍摄出来的电影都可以通过DVD来获得。

第14章　做一段MIDI录音

如今，MIDI已经诞生超过20年，不管是业余爱好者还是专业音乐家，都把它视作不可或缺的录音工具。前一章里，我们对它做了一些简要介绍，这一章里我们会格外详细地讨论它。我们着重讨论的是MIDI在录音中起到的作用，但它另一个重要功能是可以触发其他的MIDI设备，而且对声音的存储和传播都很重要。

一个MIDI系统最基本的组成部分有以下四个：

1. 一个声音发生器

2. 一个MIDI控制器

3. 一个音序器

4. 一个MIDI接口

声音发生器，顾名思义，就是产生声音的设备。声音发生器可以采用不同的设备，如键盘、电子鼓、采样器，或者声音模块，在这一章的后面，我会详细讨论每种情况。控制器指的是控制 MIDI 指令的设备，本质上任何 MIDI 设备都会控制其他的 MIDI 设备，不管是键盘还是音序器。MIDI 音序器则是整个系统中的核心组分，它的主要功能是录音，因此有时候也被称为录音器。在实际情况下，音序器既可以是一个硬件单元，也可以由软件担任。软件音序器在如今的录音产业中越来越常见，因此我们会集中讨论它。最后，MIDI 接口的作用是让一台计算机可以跟系统中的其他 MIDI 设备"交流"。

连接设备

要详细讨论，首先就得看看建立一个 MIDI 系统到底需要些什么，以及如何把它们组合起来。这在很大程度上依赖于你要建立哪种系统，既然我要集中讨论的是软件系统，我就先以它为例，列出这类系统的基本组成部分，它们是：

- 一台电脑
- 一个带有 MIDI 功能的键盘
- MIDI 音序软件
- MIDI 接口单元

·合适的 MIDI 线

可能的组装方式有很多，取决于你想组装的系统有多复杂。最后当然需要把信号转换成外部音频，但我们后面再讨论这一步骤。图 113 是一个典型 MIDI 系统的图示。

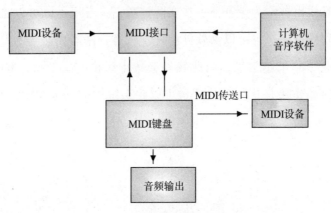

图 113　典型 MIDI 系统的图示

一般的计算机通常没有 MIDI 输入和输出口，因此，你要么利用电脑的 USB 接口，要么采用并联或串联，这就需要一个名叫 MIDI 接口的小盒子。这种盒子有 MIDI 输入和输出口，还有一个 USB 口，用于连接到计算机，除此之外，它有各种各样的类型与外观。不同接口盒之间的主要区别在于 MIDI 输入与输出口的数量，便宜的只有两个，贵的有多达 4 个甚至 8 个。如果要使用多个外接 MIDI 设备，你无疑需要带有多个接口的盒子。

有些接口盒还有 MIDI 传送口。如果你的键盘没有 MIDI 传送终端，你可能需要用到接口盒上的传送口。利用传送口可以将几个设备连接成"菊花链"，也就是一个接一个地连成链状。

用于连接 MIDI 设备的接线的末端要么有 5 根针（即公线），要么有 5 个插口（即母线）。保证所有的 MIDI 设备都正常连接很重要。一条线可以传送 16 个不同频道的信息，要使各设备正常连接，发送方（发送 MIDI 信号的设备）和接收方（接收 MIDI 信号的设备）必须设定在同一频道上。跟电视机一样，只有调对频道，才能看到或者听到那个频道的节目。

图 113 中展示了几种 MIDI 设备。如果你使用的是计算机软件系统，其中可能有不少是软件自带的，在这种情况下，它们会被存储在你电脑里的某个地方，直到需要时才被调用。除了软件里自带的部分，也会有外部的硬件单元。例如，电子鼓就是一种如今仍被频繁使用的外部单元，它们通常包含几百种不同的节奏，有些是合成的声音，有些则是来自采样器录制的真实鼓声。

不管是作为外部单元还是内置软件，采样器在 MIDI 系统里都很常用。它们通常包含几百种不同鼓的声音，在录音工业里被广泛使用。我们之后会详细讨论它。各种各样的声音模块也常会用到，它们通常是合成器或者鼓机的改装版，可以从外部触发。

连接好所有设备以后，你要做的第一件事是同步所有的单元，这个过程包含几个步骤。首先，你要确定哪些单元负责发出MIDI指令，哪些单元负责接收，发送方被称为"主人"，接收方被称为"仆人"。比方说，假设你有两个键盘，就得确定哪个是主人，哪个是仆人。这个过程通常可以通过调节软件里的刻度盘来实现。你也需要把音序器同多个外接单元（如声音模块）同步起来，大多数情况下设备的说明书会指导你如何同步。最后，如果你要录制音频，还需要同步音序器和音频，这些也可以通过设备的说明书来完成。

计算机软件的安装

计算机MIDI系统的安装过程中最重要的部分就是软件音序器（经常称为制作软件）的安装。这类软件以前只包含音序器，但如今通常还包括数不清的样本和其他各类音源等内容。

基于软件的制作系统如今越来越常见，最主要的原因就是价格便宜，不过它还有另外几个优点。首先，它只受限于计算机的内存（或功率）和速度，而现代的计算机在这两个方面都已经达到了最优状态。另外，电脑的屏幕很大，使用者看着大屏幕也比看着整体录音系统和其他设备上多种多样的小屏幕更为方便，这让编辑音频也变得便捷。我们后面会看到，把音频整合入系统、同步、混音这些工作，在计算机系统里做起来都更为容易。而最大的优点之一则是，软件工业更新换代的速度非常快，如今每年市面上都会出现更新、更好、更易于使用的系统。

我无法一一列出市面上所有的软件音序器，但它们往往非常相似，只是有些功能更强大一些，总的来说，越贵的软件功能越强大。有些软件只适配苹果电脑，有些软件只适配非苹果电脑，但大多数软件适配所有电脑。目前，最广为人知的软件音序器是 SONAR，是 Cakewalk 团队发布的。这款软件大约每年更新一次（其他大多数软件同样如此），最新的版本包含64位音频录制功能和大量乐器、效果等，也能添加大量 MIDI 或者声音的音轨。

另一款受欢迎的软件音序器是酷贝斯（Cubase），它和 Nuendo 都是德国 Steinberg 公司推出的软件，两款软件都有大量的 MIDI 和音频频道，以及数不清的虚拟乐器和强大的混音单元。索尼公司推出过两款更知名的软件合成器，Sound Forge 和 Acid Pro，在近两年格外受欢迎。Acid Pro 是一款基于循环播放的软件。值得一提的音乐软件还包括 Logic Pro、Peak Pro 和 Live 5。

哪种系统最好，取决于你想要录制什么样的声音、想要多复杂的功能，以及预算有多少。音序软件的价格范围很宽，最简单的系统只要100美元出头，但复杂的大型软件可能要花上千美元。

做一段MIDI录音

在这一节里，我会简单介绍一下MIDI录音，之后再补充一些细节。上一节里我们看到，软件处理器有好多种，它们之间只有细微的差别。我会先概述一下它们的使用方法，如果你正在使用某种软件的话，可能会发现我描述的使用方法会跟你的软件有些许差异，但请稍微忍耐一下，毕竟大多数功能都是一样的。

要做的第一件事是把软件安装到电脑里，并确保它能正常运行。打开软件后，你会发现主屏幕的上方的工具栏里有几个图标，跟文字处理软件类似，它们控制着录音、编辑，以及MIDI音序的回放。现在可以给你创作的歌曲起一个名字了，然后再建立一个音轨，给它命名（比如叫音轨1）。为了初始化音序器，你得打开一个新的窗口，即播放控制窗口，上面有录音、播放和停止键，就跟录音机上的录音、播放和停止键一样：点击录音键，开始录音；点击停止键，停止录音；要回放录音，就点击播放键。

录音结束以后，你会发现屏幕上的"音轨1"处有一个横条，如图114所示，其中有一些竖线，对应着你演奏的音，双击停止键（可能不同软件的操作不同）再点击播放键，就可以听到刚刚录制的内容。

对齐计数器下拉式菜单
选择一小节中的位置
可以拖动水平条中的段落

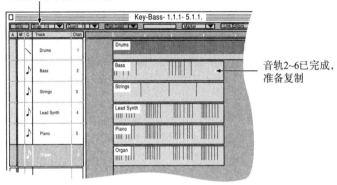

图 114 录音软件的主窗口

上面的指示是默认你点下录音键后按照正常的方式演奏并录音的，这种方式被称为实时录音。不过，如果你对实时录音没有把握，还有另一种录音方法：一次只导入一个音。这种方法很烦琐费时，但也是可以实现的，称为单步录音。

软件录音与以前的录音方法（比如磁带录音）最大的区别是，如果你在录制过程中弹/唱错了一个音，不用从头再来。你可以编辑录音，如果音准或者节奏错了可以修改，这个过程就跟在文字编辑软件里修改文字一样简单。想编辑录音，只要双击水平条就能打开一个钢琴校音窗口，这个窗口左边有一个键盘，中间则是一系列水平的线，如图 115 所示。

假设你录了4小节，这个窗口会显示出这4小节所有的音，以一道道的短横线表示，每个音符都是一道横线，其长度代表这个音持续的长度。对应着左边的钢琴，就能知道每个音的音高。

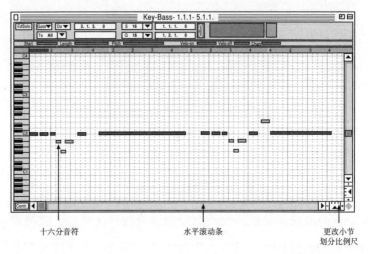

图115　音序软件里显示的钢琴校音窗口，音以横条显示

在钢琴校音窗口中，你还能看到背景上画了网格，就像数学图表一样，横轴是时间，纵轴是频率（音高）。网格可以帮你确定音符的种类（是八分音符、四分音符，还是二分音符），对编辑也很有帮助。

要在这个窗口里修改录音，你只要选中水平条里相应的部分就可以了，可以缩短或者拉长每个音，或者移动它的位置。

如果你更习惯处理乐谱，也有另外一个窗口可供你选择：

乐谱窗口。打开乐谱窗口以后，你会看到自己演奏的所有音（见图116）。专业音乐家通常更喜欢使用这个窗口。跟钢琴校音窗口一样，在这个窗口也可以改变音符的位置或者删除某个音符。修改录音最方便的方法就是选中你要处理的音，然后把它拖到一个新的位置，或者删除它。有些软件还有打印乐谱的功能。

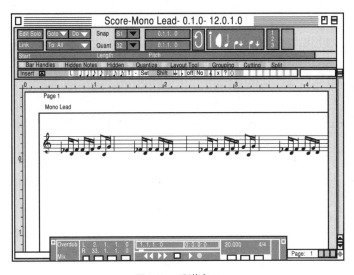

图116　乐谱窗口

其实编辑音乐还会用到第三个窗口，即事件窗口，它会列出组成这一音轨的所有MIDI事件。演奏出来的音不会出现在这个窗口里，只有很多竖栏，而跟前两个窗口一样，这些栏里的信息也是可以修改的。音乐家在编辑的时候不太会通过这个窗口来进行，但计算机"极客"或许更喜欢这种方式，因为它列出了音轨中的所有MIDI事件。

节奏和移调

很多业余音乐家（不包括专业人士）在节奏上可能都会有问题。在钢琴校音窗口或者乐谱窗口可以轻易看出你的节奏偏离了多少（如果你不经常跟别人合奏的话，这个结果看起来可能会有些尴尬）。以钢琴校音窗口为例，通过屏幕上的网格可以轻松看出音落在什么地方，你可以看到每一个小节被分成了四拍，每拍又被分成了四份，因此能看到八分音符和十六分音符的精度。这样一来，要想校准节奏也很容易，只要把每个音拖到该在的位置上就好了。

在乐谱窗口也可以校准节奏，只要把音符移动到该在的位置上就行了。这个过程可能会非常冗长单调，但你可以用菜单里一个名叫"节奏量化修正"的功能来校正一段乃至一整首歌的节奏，不过使用这种功能要十分小心。要开始量化修正，首先要选一个量化值，也就是音符的移动要精确到多短的区间。比方说，如果你选了8，就意味着每个音都会被移动到离它最近的八分音符处。也可以选择量化修正的百分比，比如，如果选择50，每个音符就会被移动到从它的原始位置到量化修正位置的距离50%以内的位置。

在自动量化修正以后，一定不要忘记仔细浏览一遍乐谱。

量化修正有时候会把音符往错误的方向移动。而且，量化修正也不能滥用，因为没有哪个人的演奏是真正完全符合乐谱的，因此如果节奏过于完美，音乐听起来就会有些机械，或者说"没有感情"。

音序软件另一个很有用的功能就是移调。如果你用C调演奏，这个功能能帮你把歌曲移到别的调上。有些歌曲确实用特定的调来演奏会更好一些。要移调，音乐家通常需要把所有音符都往上或往下移动几个半音的音程。在之前一段时间里，出现了可以通过旋钮以机械的方式移调的钢琴，据说欧文·伯林就有一台，他所有的歌都是用降E调写的，然后再通过旋钮移到别的调上听效果，最后决定发表的时候用哪个调。而有了电脑，移调变得极为简单。

在将音轨编辑到自己满意以后，你还有最后一件事要做，就是保存。音频编辑软件的保存跟你在电脑上保存其他东西没有任何差别，就是点一下"保存"键就可以了。保存以后，你想在同一个软件上回放这段音频没有任何问题，但要是想把它传到另一个软件上，就得事先做几项操作。要保证它在另一个软件上也能正常播放，你得把它保存成SMF（标准MIDI文件）格式。此外，还要保证这个文件在所有的机器上播放都能产生同样的声音，就得确保这些设备都遵守GM（通用MIDI）标准。

现在，我们已经完成了一条音轨，可以考虑加入别的音轨了。要完全发挥音序软件的威力，还是得使用多条音轨，毕竟这才是音序器的核心原则。一条音轨通常留给节奏，比如鼓。节奏音轨通常有以下几个来源：电子鼓、采样器，或者是存储在另一个设备中的鼓声。跟节奏互为辅助的通常还有一条低音线，它通常会被放在另一条音轨上。其他的音轨包括弦乐、管风琴和铜管乐。把几条音轨都填满，并修改到自己满意为止，就可以进行下一步工作了。

假设你给每条音轨都写了8小节，下一步要做什么呢？你可能会想把它们都复制到后面的8个小节中，这好办，用复制粘贴功能就行，跟文字处理软件一样。

看看所有这些音轨，每个音轨都有乐器的声音，但这些声音是从哪里来的呢？它们通常来源于采样器、电子鼓、外部声音模块以及软件合成器。我们下一节就来讨论这些音源。

采样器和软件合成器（虚拟乐器）

采样器在如今的录音工业中扮演着非常重要的角色，因此我们从它开始讲起。前面说过，采样器是一种类似于合成器的电子乐器，可以产生很多不同乐器的声音。但不同于合成器的是，它并不是凭空合成出这些声音的，而是录下某个乐器声音的样本，然后再以多种方式改变或修饰它。由于采样器的声音来自"真实"的乐器，因此它听起来要比合成器的声音更真实。采样器既可以是硬件，也可以是软件，我们先讨论软件的情况。早期的采样器（如 Kurzweil 250 或 Korg M-1）带有键盘，但后来的采样器大多采用的是外接键盘。键盘上不同的键对应着不同的声音，也即样本。

采样器可以回放各种各样的录音，但它们能做的事情比这多得多。大部分采样器都有编辑功能，编辑者能给声音加上各种各样的效果。第一款采样器叫作美乐特朗（Mellotron），诞生于 1976 年，而到 1979 年，第一台复音采样器在澳大利亚诞生了，名叫费尔莱特 CMI（Fairlight CMI）。这些设备可以播放磁带并截取单个音高的音，不用说，它们的功能非常有限，也很昂贵。不过，到了 20 世纪 80 年代，有几款造价低廉的日本采样器进入了市场。

在后来的几年里，采样器变得越来越复杂，大多数都拥有丰富的编辑功能，可以记录并修改音轨中的片段，以循环播放或是重新处理。循环播放是一种不断重新录制某段声音的过程，它在舞曲制作中很常见，例如，鼓声经常是循环播放的。在采样器中，音乐片段可以被复制、剪切和粘贴，就和文字处理软件中一样。

如今的采样器还包含了很多早期模拟合成器中常见的滤波功能。用户可以利用多种滤波器，加上频率振荡器和包络生成器，来编辑样本甚至是一组样本，以改变声音。采样器的另一项重要功能是时间拉伸，它们可以通过加快或减缓音乐播放的速度来改变声音的频率（音高）。前面看到，如果把速度加快一倍，声波的音高就会升高一个八度。然而，这会带来一些问题。假设样本中含有某个背景节奏，例如鼓的节奏，那通过加速的方式改变音高的同时，也会提高鼓的速度，从而打乱整体节奏。而这一问题可以通过采样器的"时间拉伸"过程来解决。在时间拉伸过程中，样本中会被移除（或者增加）一些数据，以弥补时间的改变。

大多数采样器带有一个屏幕，以供编辑者使用，但这类屏幕有一个严重的问题：太小了。把视频导入电脑屏幕上就能解决这个问题，毕竟电脑屏幕要大得多。

近年来，硬件采样器逐渐被软件采样器所代替。软件采样器有采样器的全部功能，不需要额外的硬件支持，利用的只是电脑的处理器而已。不过，它们很占电脑内存，因此使用者确实需要一台性能强大的电脑。

与软件采样器紧密相关的是软件合成器，又称虚拟乐器。其实，很多情况下很难区分软件采样器与软件合成器了。理论上，软件合成器是合成器的软件版，它们产生的是人工的乐音，而软件采样器产生的是真实乐器的声音，但实际上，如今大多数软件合成器也很依赖样本了。有些依赖样本的软件合成器甚至包含了大量的声音样本。它们不仅能产生传统乐器的声音，还能产生早已不再生产的早期流行合成器的声音。常用的两种基于样本的软件合成器有迷你穆格和雅马哈

DX-7。它们在模仿合成器的时候通常被称为模拟器。

混音与混音器

在之前的讨论中，我们在音序软件里打开了好几条音轨，接下来，我们要做的工作是把它们结合在一起，形成一个包含所有这些声音的录音。在此之前我要提一下，其实我们可以在一条音轨的基础上录另一条音轨，这个过程被称为加录，也就是在已经录好的一条音轨上再加一条。加录的方法很简单，流程与普通的录轨一样，不过使用的轨道并非新的空白音轨，而是已有的音轨。

把所有音轨混合到一起的过程被称为混音，通过混音器来完成。硬件混音器有很多不同种类，但我们这里主要讨论软件混音器，你电脑里除了音乐制作软件，也应该有它。这个软件的界面通常长得像一台硬件混音器，上面有大量的旋钮、刻度盘、滑块等操作装置（见图 117）。早先录下的所有音轨都出现在这里。

混音器可以实现多种不同功能。例如，你可以根据自己的喜好改变每个音轨的强弱（音量）；你还可以在录音中的某些特定的点加入新的音轨（乐器），或者删掉已有的音轨。另一种有效的控制方法是使用均衡器（EQ），它可以帮你调整每个音轨的声音。混音器还能控制淡入和淡出，或者改变声像，声像指的是声音信号在立体声扬声器里的左右方位。

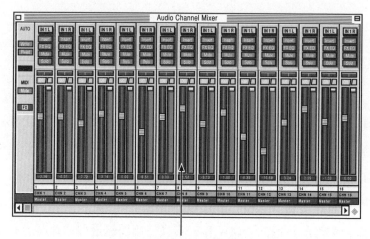

鼠标控制的音量控制器控制着音轨8的音量

图117　混音器

均衡器是混音器中最重要的功能之一，它让我们可以调整多个轨道中乐器的声音，避免它们发生冲突。调节均衡器类似于在高保真音响中调节低音和高音，不过产生的效果要更为明显。你使用均衡器的目的是减少会让音轨听起来杂乱的频率组分，并增强能让乐器声音听起来更好听的组分，但在实际中，你还得给频率范围相近的乐器一点空间，让它们不要"打架"。均衡器有两种基本类型：参数型和搁架型。搁架型均衡器调整的对象是某个特定频率上下的一整个频率范围，它可以用来砍掉频率谱最上面与最下面的部分。参数型均衡器则可以瞄准任何频率范围，你可以选定任何特定频率周围的一小段，增加或降低它的音量，它是一种很实用的工具。

强弱控制也是混音中非常重要的一方面。在任何编曲中，乐器的响度都是会变化的，这类控制可以让你根据自己的喜好调整不同乐器的音量。最常见的操作是先降低背景乐器的音量，然后再把它们加进来，并调整其响度。重要的是要仔细聆听每个乐器的音色，保证最终的整体声音令人满意。

音响效果

混音另一个重要的方面是加入特殊的音响效果，比如混响、延迟和合唱。没有特殊音响效果的话，你制作的歌曲听起来很可能会平平无奇。最常用的音响效果包括混响、延迟、移相、镶边、合唱、人工加倍、回声和失真。特殊效果可以通过硬件单元来产生，但我们这里只考虑软件。电脑屏幕上的效果器界面跟硬件效果器相同，各种特殊音响效果被称为插入式音响效果，它们通常通过录音公司开发并维护的小型程序来实现。

在所有音响效果中，混响是最重要的一种。它是一种自然的声学效应，当声音在周围的物体上反弹后再消失时就会出现这种现象，在空房间里最容易听到混响。混响给声音赋予了"生命"，因此，给声音加上合适的混响是很重要的。

另一种重要的效果是延迟（当然延迟也有几种不同的形式），声音在房间里四处反弹的时候就会发生这种现象，它也是一种自然的声学现象。移相的效应则发生在两个不同的声源同时发出同一个信号的时候，如果两个声源靠得很近，波峰和波谷会对齐，但如果两个声源相隔一定距离，声音中就会产生一种扫射的效应，这种效应在两个信号间的延迟在7~12毫秒时会产生，而当延迟在12~20毫秒时，产生的效应被称为镶边。在这种情况下，扫射的感觉更为明显。

另一种跟延迟有关的音响效果叫作合唱。顾名思义，它给声音提供了类似于人声或乐器的丰满感。合唱效果产生自一系列拍音，换句话说就是复制一轨原声后，再把它的音高稍微调得有一点点不准，然后再和原声一起播放。

当一个信号被延迟得足够明显，以至于可以被单独听出来时，就会发生回声。这种效果通常应用在人声和吉他上，通过延长延迟来产生。其他的一些音响效果包括音高移动和失真。使用失真效果的主要是吉他手，不过有时键盘手也会用到。失真效果通常是通过把信号的音量放大到失真的程度，然后再调回正常音量来产生。

录制音频

到此为止，我们已经讨论了多种多样的MIDI设备。比方说，可以用 MIDI 键盘或者声音模块来录制 MIDI。但如果想录制人声或者原声钢琴，要怎么做呢？很明显，你需要用某种工具把声音引入 MIDI 系统里，因此需要的最主要的工具就是麦克风。想象一下，有人对着麦克风唱歌的时候，会发生什么。麦克风把空气压力的变化转化成电压的变化，而 MIDI 系统需要把电压的变化转化成数据。因此，你需要一个转换器，而电脑里的声卡就包含了这种转换器。声卡是一块很小的集成电路板，装在电脑的外部控制器接口（PCI）插槽里。

你的电脑会自带声卡，但自带的声卡可能并不能满足你的需求。而声卡的性能差异很大，有的只是满足基本需求，供专业人士使用的声卡则包含了很多音频输出口，还有其他特殊性能。（苹果电脑并不需要声卡，它内部就包含了整合音频的设备。）如果需要比电脑里自带的更好的声卡，你得打开电脑主机箱，自己把新的声卡插进去，不过这个任务相对比较简单。

装好声卡之后，你就可以把麦克风或者放大器沿着输入线连接到电脑声卡的输入连接口。（还有另外两种方法，一是将一个接口连接到 USB 口，二是通过火线端口连接，但这两种方法的传输速度会比直接连接到声卡更慢，因此我默认你会采用连接声卡的方式。）

首先，我们把来自麦克风的声源连接到声卡上的接口，然后在电脑上选择一个音轨，你的音序软件应该既有MIDI轨道也有音频轨道，这两类轨道虽不相同，但在电脑里是并行的。这两种轨道的区别在哪里呢？首先，数字音频无法用符号来表示，而MIDI可以，这就意味着，对于数字音频，不存在乐谱窗口和钢琴校音窗口，你在屏幕上只能看到一道波形，但处理数字音频的方法跟MIDI几乎一样。在检查音量等问题以后，你按下录音键，就可以演奏或者演唱了。结束之后，只要按下停止键就可以。

最后，我要提醒一下录音的时候要怎么放置麦克风。麦克风放在不同的位置对录出来的声音有极大的影响，不过你只有在积累了大量经验以后才能掌握放置麦克风的技能。麦克风的放置大概可以分成三类：近距离收音、远距离收音，还有环境收音。

在近距离收音中，麦克风跟声源的距离通常只有十几厘米，这种收音方式是为了防止收到环境中的杂音。而在远距离收音中，麦克风跟声源的距离有1米左右，这种情况不仅会收到人声或者乐器的声音，也会收到一些环境中的声音（如混响或回声）。而在环境收音中，麦克风放置得更远，因而可以收到房间中大部分的声效。

在大多数情况下，你需要放置两个麦克风，以获得立体声效果。两个麦克风的放置方式有几种不同的技巧，其一被称为X-Y对，两个麦克风彼此靠近，放在一起；另一种方法

则是把两个麦克风相隔很远放置。你需要自己尝试才能知道
哪种方法最适合自己的需要。

　　到此为止，我们还没说到录音室及其声学效果的问题，
而这正是下一章要讨论的话题。

第15章　音乐厅与录音棚的声学效果

　　1895年，哈佛大学建成了一座新的大礼堂，它在建筑领域尚属杰作，但投入使用不久师生就发现，它的声学效果非常差劲。当时，人们对声学知之甚少，校方也不知道该怎么解决这个问题。因此哈佛大学请一位物理系年轻的教授华莱士·萨宾来看看，能否找出问题在哪里。萨宾也不了解声学方面的背景知识，但他和几位助手一起做了一系列实验，不久就发现，声音从发出到完全消失所花的时间非常重要，他把这个量叫作混响时间。经过几年的时间，他对大厅的声学问题有了相当深入的了解，并显著改善了哈佛大礼堂的声学效果。

　　为波士顿交响乐团设计新音乐厅的设计师注意到了萨宾的工作成就，请他担任顾问，以保证音乐厅的声学效果达到最佳。他在此前哈佛大礼堂的工作中积累了不少经验，并把这些经验用在波士顿音乐厅上：他仔细测量了混响时间，并考虑到音乐厅里坐满观众以后会发生的变化，他十分确信自己的设计能让音乐厅拥有完美的声效。音乐厅于 1900 年开放，所有人都很好奇，想知道这座音乐厅的声学效果到底有多好。然而，令萨宾失望的是，很多音乐评论家严厉地批评了这座音乐厅的声效。虽然萨宾考虑到了在场观众的影响，但他略微低估了这种影响所产生的效应，因此混响时间与他事先计算的有所不同。这些批评让他深受打击，因此再也没有做任何与声学有关的工作，也再没提过这座音乐厅。然而，讽刺的是，50 年之后，波士顿交响乐团音乐厅被认为是全世界声学效果最好的音乐厅，而他所采取的一切措施基本上都是正确的。如今，他被奉为建筑声学之父，声音吸收系数的单位萨宾（sabin）就以他的名字命名。

声学的基本原理

在开始，我们先考虑一个很大的房间和一个声源。假设我们站在房间中心附近的地方，声源的能量以声速（340 米/秒）沿着直线运动。它会以声源为中心呈球状传播开，这意味着离声源越远，声音就越弱。实际上，声能遵守平方反比定律，也就是距离增加到两倍，能量减弱到四分之一。这意味着，假设你位于房间中心附近，声音到达你这里的时候已经大幅减弱。

最先到达你身边的是直接来自声源的声音，用时远小于1秒。不过，在这个过程中，声源还会往其他各个方向发射声音，这些声音撞击天花板和墙壁，因此会发生反射，有些反射一次的声波也马上会到达你耳朵里，然后是反射两次的声波，以此类推。反射声波的能量要小于直射声波，但在很短的时间内，整个房间里会充满从各个方向传来的声波。这些反射产生的最明显的效果就是，声源发出的声音听起来好像更大了（相比于在空旷的室外没有反射的情况而言）。

声波在碰到某个表面的时候，一部分能量会被反射出去，一部分能量会被吸收，还有一小部分能量会穿过墙壁透射到另一侧（不过这部分占比很小，因此我们这里忽略不计）。我们最感兴趣的是声能是如何被反射，又是如何被吸收的。众所周知，坚硬的表面（如混凝土、大理石和石头）会反射大部分能量，而柔软的表面（如窗帘、地毯、刨花板和吸音板）会吸收大部分能量。在讨论声能在整个屋子里的反射和吸收的时候，必须要考虑不同表面类型产生的影响。

房间的大小也很重要。房间越大，声音在撞击表面之前所要走的距离就越长，反射的声音到达观察者所要走的距离也越长，我们必须要考虑到这一点。

因此，让我们先来做一个思想实验。假设我们位于一个相对较大的房间里，跟声源有一定的距离。假设声源是打击乐的声音，短而尖锐，然后我们来绘制出到达我们所在位置的声波强度随传播时间的变化图，如图118所示。在这张图中，我们可以看到从声源直接到达我们这里的声音（直达声）、反射一次后到达的声音、反射两次后到达的声音，以此类推，然后，所有反射的声音积累成片，最后再慢慢衰减。

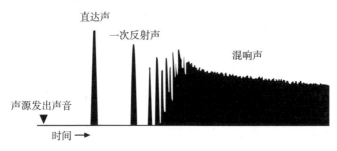

图118 在一个短而尖锐的声音之后，到达观察者的
声强随时间的变化关系

如果声源发出的声音不是短促而尖锐的声音，而是稳定持续的声音呢？在这种情况下，观察者听到的声音会逐渐积累，如图119所示。一开始，观察者听到的声音强度变化似乎不规则，但到最后声音强度慢慢累积，达到一种稳恒态，基本保持不变了。在最后的稳恒态中，房间吸收的声音与声源放出的声音刚好抵消，只要一切条件保持不变，这种状态会一直持续下去。如果一下子关掉声源呢？你或许可以预料到，观察者听到的声音不会一下子消失，而是会像图120描绘的那样逐渐衰减。

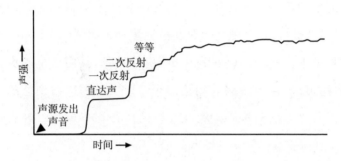

图119 在声源稳定的情况下，到达观察者的声强随时间的变化

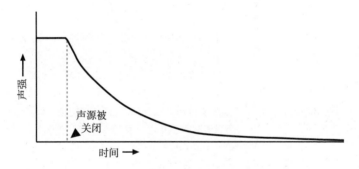

图120 声源被关闭后声音的衰减

声源关闭后声音衰减到听不到所需的时长依赖于几个要素，但对于特定的房间而言，不管开始时声强有多大，衰减的时间总是一定的。这个时间就是萨宾所说的"混响时间"。如今我们对它的定义与萨宾的定义有细微差异，它的正式定义是，声音减小到原始声强的百万分之一（也就是响度减小60分贝）的时间。这个时间在所有建筑的声学效果方面都非常重要。

混响时间

前面看到，混响时间依赖于墙壁、天花板和地板对声音的吸收，当然也依赖于吸收声音的表面面积。因此，我们需要一个量来描述各种材料单位面积吸收声音的量，即吸收系数（α）。吸收系数的基本定义是被某个表面吸收的声能的百分比，因此它的值一定在0~1之间，且没有单位。完美的吸收材料其吸收系数为1，而极差的吸收材料（或者说是完美的反射材料）的吸收系数接近0。实际上，完美的吸收材料和完美的反射材料都不存在，但开着的窗户吸收系数为0，大理石表面的吸收系数大概只有0.01。实验表明，α跟声音频率也有关，有时，某个材料对低频声音和高频声音的吸收系数大相径庭。因此，在讨论吸收系数的时候，明确频率是很重要的。表13中列出了各种材料对五个不同频率声音的吸收系数。把吸收系数与面积相乘，就得到了有效吸收面积，它被定义为在一整块面积里负责吸收声音的面积。

表13　普通建筑材料对多个频率声音的吸收系数

材料	频率（Hz）				
	125	250	500	1000	2000
大理石	0.01	0.01	0.01	0.01	0.02
光滑混凝土	0.01	0.01	0.01	0.02	0.02

材料	频率（Hz）				
	125	250	500	1000	2000
砖	0.03	0.03	0.03	0.04	0.05
上漆的混凝土	0.10	0.05	0.06	0.07	0.09
抹灰泥的混凝土	0.10	0.05	0.08	0.05	0.05
木地板	0.15	0.11	0.10	0.07	0.06
吸音板（天花板）	0.80	0.90	0.90	0.95	0.90
厚窗帘	0.15	0.35	0.55	0.75	0.70
板墙筋上的胶合板	0.30	0.20	0.15	0.10	0.09
混凝土上的地毯	0.08	0.25	0.60	0.70	0.72

吸收系数随着频率升高而升高的材料称为高音吸收材料，它们在高频处会吸收掉大部分声能；而在低频处会吸收掉大部分声能的材料称为低音吸收材料。低音吸收材料的典型例子就是板墙筋上的镶板，镶板倾向于在低频处振动，因此会吸收大部分低频能量。

被吸收的声能去哪里了呢？它被转换成吸收材料内部的热量，这一过程对于材料内部有小的空气孔隙的材料最为显著，而由细纤维组成的材料最容易产生这类空气孔隙。声音的能量其实是被纤维中间的空气吸收了。哪怕声波被转化成了热量，材料也没有产生显著的温度变化。表面充满小孔或空腔的材料通常也有较高的吸收系数，因为声能很容易被困在空腔里。吸音板同时具有以上两种吸音特征：由纤维制成，且表面充满了小孔。

总而言之，对于总的吸收量而言，吸收系数和总吸收面积都很重要。我们前面看到，它们的乘积称为有效吸收面积（A）。不过，还有一个重要因素是声音撞击了多少次表面，从而被反射或吸收，而这一因素依赖于房间的体积。如果房间很大，那声音的能量会被散布到很大的空间里，因此它在撞击单个表面时的能量密度不会很大。萨宾把这两个因素结合到一个公式里，得到了混响时间 T_R，即

$$T_R = 0.16V/A$$

其中，V 是空间体积，A 是所有空间的总吸收面积。

实际情况下，还有另一个因素可能会起到重要的作用，就是房间中空气对声音的吸收。这个量可以用房间体积（V）乘以空气的吸收系数（这个值很小，约为 0.003）得到。只有在房间很大的时候，空气的吸收才会起到重要作用，而且空气吸收通常在高频处更为显著。如果需要的话，总吸收面积 A 中需要加入空气的贡献 $\alpha_{空气}V$。

最后，在计算 A 的时候，你需要加入各个地方的贡献，包括每一面墙、天花板和地板。

计算混响时间：音乐厅和小录音室

我们现在用具体例子来了解一下混响时间的计算，我将举两个例子：一座音乐厅和一个小房间。先考虑音乐厅，假

设它的尺寸是30 m × 40 m × 10 m，因此它的总体积就是12000 m³。假设有30 m × 10 m的墙有窗帘，其他墙则是覆盖在板墙筋上的镶板，天花板是混凝土表面覆盖的灰泥，地板上铺了地毯，并假设声波频率是1000 Hz，把每种表面的面积乘以各自的吸收系数（见表13），就得到了总的有效吸收面积：

墙，30 × 10（窗帘）	300 × 0.75 = 225 m²
墙，30 × 10（胶合板）	300 × 0.10 = 30 m²
两面墙，30 × 40（混凝土上抹灰泥）	2400 × 0.05 = 120 m²
地板，30 × 40（铺地毯）	1200 × 0.70 = 840 m²
天花板，30 × 40（混凝土上抹灰泥）	1200 × 0.05 = 60 m²
总吸收面积	1275 m²

因此，音乐厅的总吸收面积是1275 m²，单位也可以写作"萨宾"。用前面给出的公式，可以计算出混响时间：

$$T_R = 0.16V/A$$

代入数据后可以算出

$$T_R = 0.16 × 12000/1275 = 1.5 \text{ s}$$

我们后面看到，1.5秒的混响时间是很合理的。

现在，我们再来计算小房间的混响时间，比如一间小小的录音室。假设录音室的长宽高是4 m × 6 m × 3 m，因此总体积是72 m³。假设所有墙都是混凝土上抹灰泥，地板上铺了

地毯，天花板上有吸音板，再根据表13中所有材料的吸收系数乘以面积算出每个表面的吸收面积，可以得到

两面墙，4 × 3（混凝土上抹灰泥）	24 × 0.05 = 1.2 m²
两面墙，6 × 3（混凝土上抹灰泥）	36 × 0.05 = 1.8 m²
天花板，4 × 6（吸音板）	24 × 0.95 = 22.8 m²
地板，4 × 6（铺地毯）	24 × 0.70 = 16.8 m²
总吸收面积	42.6 m²

因此，可以算出混响时间是

$$T_R = 0.16（72）/42.6 = 0.27 \text{ s}$$

我们后面会看到这些数字有何意义，不过现在让我们先回到音乐厅里，考虑观众对混响的影响。空音乐厅和坐满了人的音乐厅的声学效果差异巨大，这也正是萨宾本人在设计波士顿交响乐团音乐厅时遇到的问题之一。观众席里的观众会吸收大量的声能，实验表明，每个人的吸收面积大概有0.5 m²（当然，吸收面积也与频率有关，125 Hz的声音的吸收面积约为0.35 m²，而5000 Hz的声音的吸收面积约为0.5 m²，因此声音频率必须要考虑进去）。因此，假设大厅里有1000个人，就会增加0.5 × 1000 = 500 m²的面积。

这样一来，混响时间就会变成

$$1920 ÷ 1775 = 1.08 \text{ s}$$

这个数字明显小于空场时的1.5秒，因此，观众的存在会

显著影响大厅的声学效应。

　　规避这个问题的方法是让座椅的吸收面积与人几乎相等，这样座位上坐没坐人都不影响整个大厅的声学效果。而事实上，音乐厅的设计者就是这么做的。然而，很难让座椅的吸收系数与人完全相同，一般带软垫的座椅的吸收系数约为0.3。

理想混响时间

　　那理想的混响时间是多少呢？事实证明，并不存在适合所有情况的混响时间。理想混响时间取决于多种情况，对于音乐厅里的演出而言，取决于演奏的是哪种音乐。总的来说，它依赖于声音的清晰度。对于钢琴音乐而言，混响时间较短比较合适；而对于管风琴和管弦乐团而言，混响时间长一些比较好；演讲需要的混响时间最短，因为演讲者说的话需要清晰地被听到。如果混响时间很短，我们会说这个厅很"干"。在很"干"的厅里演奏音乐可能效果不尽如人意，但讲话是没问题的。

　　图121画出了不同类型的音乐适合的混响时间。几个知名的音乐厅在500~1000 Hz频段的混响时间如下所示：

波士顿交响乐团音乐厅	1.8秒
克利夫兰塞弗伦斯音乐厅	1.7秒
纽约卡内基音乐厅	1.7秒
费城音乐学院音乐厅	1.4秒

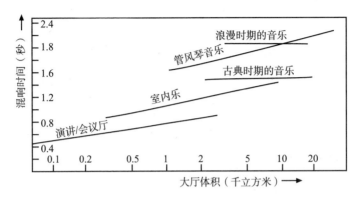

图121 多种类型声音的理想混响时间

通过混响时间的计算公式只能得出大概的结果，而且只在声音在整个大厅里均匀分布时才最准确。如果大厅形状高度不规则、表面高度吸音，或者大厅里所有吸音的区域集中在同一片，公式给出的结果将不再准确。

日常居住的房间的混响时间通常为0.5秒左右。广播和电视录制的房间需要混响时间较短，通常在0.1秒的数量级。

音乐厅声效的其他重要标准

虽然混响时间是音乐厅声学效果最重要的标准，但其他还有几个因素也很重要。其一就是亲切度，它与直达声以及最早的反射声之间的距离有关，这个量通常称为初始延时间隔。如果音乐厅的初始延时间隔小于0.03秒，也就是说低于人耳可以分辨的最小间隔，我们就说这个厅在声学上的亲切度很不错。

另一个重要标准是声音的丰满度，主要指低频处的表现。如果一个厅低频声音（50~250 Hz）的混响时间显著高于高频声音（250 Hz以上），我们就说这个厅的声音很丰满。

第三个标准是声音的明亮度，它是指音乐厅里高频（2000 Hz以上）声音的突出程度。一个厅的声音要明亮，它对高频声音的混响时间应该要长于中低频。

还有一个考虑因素是声音的饱满度，这个因素取决于混响时间，以及混响声与直达声强度的比值，比值越高，声音越饱满。不过，另一个因素清晰度则与饱满度刚好相反，讲话需要房间有很高的清晰度，因此，声音饱满的厅显然不适合讲话，适合讲话的报告厅则不适合表演音乐。

最后，大型音乐厅还会有回声的问题。回声通常来自音乐厅后墙，很容易被消除。

纠正声学问题

现在要考虑的问题是，如果大厅的声学效果需要改善，要怎么改善呢？由于声学效果与混响时间密切相关，我们就得首先从混响时间着手考虑。前面看到，音乐厅最佳的混响时间在1.7秒前后，如果一个厅的混响时间跟这个最佳值偏离得比较大，就需要做出一些改变了。有两种情况需要考虑：

一是厅里有声学上的瑕疵，需要做出永久性的改变；二是要做出暂时性的改变，以弥补观众席里人数的变化。

永久性的改变可以通过改变内表面的材料来进行，如给天花板铺上吸音板。临时性的改变则有几种不同的办法：其中一种方法是使用可移动的吸音帘（吸收系数很高），在需要的时候可以拉出来。有些音乐厅在侧面墙壁上会有木质镶板，拉开以后会露出吸音材料。很多厅也会采用悬挂反射板的做法，这种悬挂着的反射板称为"浮云"。有些情况下，它们直接被挂在舞台上面，这是为了帮助台上的乐手们更好地听见彼此的声音。它们也有助于改变初始延时间隔，因此有助于提高声音的亲切度。实际上，上述的大多数声学问题，如缺乏亲切度、缺乏丰满度、缺乏明亮度，都可以通过调整混响时间来改善。

音乐厅的形状与声学效果

另一个会影响声学效果的因素是音乐厅内部的形状。如果表面是平的，声波的反射就跟光线遇到镜子的反射一样，换句话说，入射角等于反射角（见图122）。而如果表面是曲面，声波的反射就有好几种不同情况。比方说球状凹面，我们知道，平行光线射向球状凹面后，反射光会聚集在一点（准确来讲，只有双曲形凹面才会把平行光线聚集在一点，但球面的情况可采取近似)，这意味着，如果一道声波射向球状凹面，凹面也会倾向于把它聚焦在一起，而这是我们大多数情况下需要避免的。不过，对于户外露天舞台而言，这种效应也有帮助：舞台后方的凹面可以把声音聚焦到观众席。这种设计增强了声音向观众席的反射，但也会带来一些问题。对于大多数户外露天舞台而言，反射面对高频声音的反射要强于对低频声音的反射。

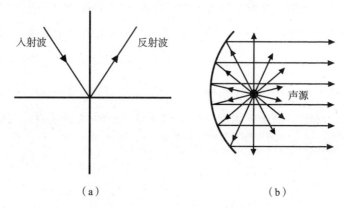

图122　声波在平面（a）和球状凹面（b）上的反射

很多著名的礼堂都采取了椭圆形设计，这会对声学效果产生很大的影响。大多数椭圆形礼堂都建于声学这一学科发展成熟之前。例如，美国盐湖城的摩门大会堂建于1867年。由于它的截面呈椭圆形，它中间两个神奇的点（焦点）会产生神奇的声学效应。如果一个人在一个焦点处投下一枚大头针，你在另一个焦点处可以清晰听到大头针掉地的声音。这类设计经常被称为回音廊。虽然形状很奇怪，但摩门大会堂的声学效果还不错。另一座著名的回音廊是伦敦的圣保罗大教堂，建于1668年。

录音室的声学效果

在此前一章，我们讨论了建立一个MIDI录音室需要哪些设备，以及如何设置这些设备，但我们还没有讲到录音室本身和它的声学效果。小录音室涉及的声学问题与大型音乐厅完全不同。

先看一下专业的录音室里面都有什么。前面看到，混响时间对录音来说非常重要，而大型音乐厅最佳的混响时间是1.7秒左右。因此，20世纪60年代前大多数专业录音都是在大型音乐厅里进行的。后来录音师可以在混音过程中人为加入混响和回声（以及其他效应），于是录音室有了很大的改变。现在的专业录音工作室通常由好几个房间组成，歌手和乐手在录音室里录音，放置录音设备和线路以及操控声音的房间则与录音室相隔开，称为控制室。大多数录音工作室还有所谓的隔音室，用来录制鼓、电吉他等声音较大的乐器，有时候还有其他功能的房间。

现在来看看小型录音室，业余音乐家或者喜欢独自录音的专业音乐家会在这种录音室里工作。一个小型家庭录音室很可能只包含一个房间。要建立一个家庭录音室，你首先要选择一个合适的房间。我们下面会看到，这个房间的声学效果非常重要，即使混响并不如在音乐厅里那么重要。你可以优先选择地下室，或者远离街边噪声的房间，越安静越好。

下一步要做的就是隔音。你不仅要隔离外界声音的干扰，也要保证你在录音室里演奏或演唱不要太打扰到邻居。尽管如今常用的近距离收音技术已经很少会收到背景噪声了，但在录制声音的时候隔音还是很重要的。不过，如果录制接入系统的电子乐器，隔音就没有那么重要了。

要给房间隔音，首先需要把所有可能泄漏声音的地方封起来，比如门窗周围。可以使用橡胶防雨条或者是胶带来完成。如果门是中空的，你需要换成实心材料的，或者在门表面加上镶板。在窗户或者门里安装厚厚的窗帘也可以大大增强隔音效果。最后，出风口和风管这种通道也必须遮盖起来。

混响在录音室中没那么重要，但混响时间应该比音乐厅短。对于从你房间的音箱里传来的声音，1秒左右的混响时间就够了，而要录音箱的声音，房间的混响时间可以短至半秒左右。

家庭录音室的一大问题是驻波。相对的两面墙可能会产生驻波，而录音室有三对相对的表面（两组墙面，以及天花板和地板）。声波会在相对的表面之间互相反射，并相互作用形成驻波。我们可以计算出可能会产生驻波的频率。利用公

式 $v = \lambda f$，以及已知的声速（340米/秒或1130英尺/秒），可以写出

$$f = 1130/2L$$

其中，f 是产生驻波的频率，L 是相对墙面之间的距离，1130是以英尺/秒为单位的声速。假设两面墙相距30英尺，就能算出

$$f = 1130 \div (2 \times 30) = 28.2 \text{ Hz}$$

因此，很明显可以看出，低频的问题会比较严重。房间的基本长度之一是地板到天花板的距离，这个距离通常是8英尺（约2.4米），与它相关的驻波频率就是70 Hz。这个频率看似影响不大，但频率是这一频率整数倍的声音也会形成驻波，比如说，相距30英尺的两面墙之间，56、84和112 Hz（以此类推）附近的声音也会形成问题。

有两种方法可以让驻波消失：一是使用吸音板；二是使用漫反射板（扩散板）。我们在前文中讨论过吸音板，很显然，如果大多数声音都被墙壁吸收掉了，驻波当然就不会形成。吸音板通常由泡沫材料制成，上面有一些纹路或者设计图案。不过，把所有的墙壁覆盖上吸音板并不是一个好主意，这样会让房间里的声效太"干"了。而漫反射板则可以让声波发生漫反射，也就是把能量散布出去，这样不仅能防止形成驻波，还能消灭房间里的声音"死角"。金字塔或格子形状的漫反射板会把声波往各个方向反射。

　　另一个与驻波相关的问题是相位干涉。如果不同声波以特定的相位差互相叠加，可能有些频率的声音会加强，有些频率的声音会相互抵消而变弱，这种干涉现象可以通过移动扬声器的位置来消除。找到最主要的反射声波来自何处，然后利用它来阻止干涉就可以了。这也引出了在房间中如何放置音箱的问题。为了得到最佳的效果，两个音箱之间最好相距8英尺（约2.4米）左右，并与听者距离相同。还有重要的一点，两个音箱与墙的距离最好相同，且不要离墙太近。

　　我刚刚提到，房间里有太多吸音材料也不好。吸音材料通常吸收中高频声波的能力远好于低频，因此，如果使用太多吸音材料，大部分中高频的声音可能会被吸走，只留下低频音域的声音。大部分吸音材料只能吸收100 Hz以上的声音，垫子上的地毯只能吸收250 Hz以上的声音，因此很容易看到，低频声音会留下来。为了吸收低频声音，人们发明了所谓的"低频陷阱"。

　　有时候，反射板也会派上用场，尤其是声场比较"干"的时候。它们的构造要比吸音板或者漫反射板简单，一片胶合板就足矣了。

　　如何"调制"我们的录音室，让它既有不错的声效，在各个频率处的响应又比较均匀呢？最好的办法是采用音质控制板。这种板可以直接购买，也可以自己制作，它们有各种各样的大小（常见的一种尺寸为2×6英尺）。你需要有策略地把它们安装在整个房间内的各处。把两块吸音板放在扬声器的附近或者后方，可以减轻干涉现象，把吸音板放在房间里相对的两面墙上也会起到不错的效果。理想的录音室里会同时有吸音板、漫反射板和反射板，因此不会有哪个表面过于"干"或者过于"湿"。而要得到你最满意的效果，唯一的方法就是不断尝试。

后 记

　　现在，我们来到了这本书的最后一部分。因此要来回顾一下全书的内容。我相信在阅读本书的过程中，你多多少少学到了一些新东西。首先，我们看到物理学与音乐之间有着紧密的联系，可能比你以为的还要深刻。简单来讲，音乐是声音，而声音是物理学重要的分支之一，不过物理学与音乐间的联系不止于此，相信你在读完本书之后已经意识到了。如果你主要感兴趣的方向是物理学，你可能会惊讶于物理学与音乐在这么多方面都有关系，而如果你是一名音乐家，只对物理学略有兴趣，我希望你也能开始欣赏和领悟物理学在音乐中所发挥的本质作用。我在这本书里还不可避免地涉及了一些数学知识，因为音阶与和弦遵循着重要的数学关系。

　　在本书的一开始，我们探讨了声音与音乐的关系，尤其是声音的诸多属性——响度（强度）、频率（音高），并且了解了音乐（即声音）的本质是一种波，具有波的特性。我们还了解到声波的干涉、反射和折射等概念，这些对于声学研究来说都至关重要。

然后，我们看到了音阶是如何被构造出来的，并讨论了几种不同的音阶。除了常见的自然音阶之外，音乐家尤为关注的两类音阶是五声音阶与布鲁斯音阶。我们还看到了音符是如何组合成和弦的，并讨论了各种和弦及和弦连接，学习到它们为何对音乐至关重要、扮演了怎样的角色。

当然，你在阅读本书之前想必就知道了，音乐分不同的风格，包括摇滚乐、流行乐、乡村音乐、爵士乐和古典音乐。在第7章中，我讨论了大多数主流的音乐类型，并简要介绍了每种音乐的独特特征，希望没有漏掉你最喜欢的那种。

之后，我们就开始了对不同乐器的探寻之旅，从钢琴开始。在介绍每种乐器时，我都介绍了乐器发声的机制，以及著名的演奏大师，包括钢琴、弦乐器（以小提琴为例）、铜管乐器（包括小号和长号）、木管乐器（包括单簧管和萨克斯）。最后，我还讨论了人声，它虽然不是常规意义上的乐器，但毫无疑问也在音乐中扮演了核心角色。

近年来，现代音乐越来越电子化，这本书如果不包含对电子音乐的讨论，就显得不完整了。最近，电子音乐对音乐产业有着越来越重要的影响，最受关注的当然就是已经讨论过的MIDI，专业音乐家与业余音乐爱好者都会用到它。

在最后一章中，我们讨论了声学，并学习了如何测量一个空间的声学效果，不仅包括大型音乐厅的空间，也包括狭小的录音室。

这样一来，我们对音乐与物理学的探讨就圆满完成了吧？等一下，在最近几年里，还有什么东西对音乐产业有着至关重要的影响呢？不得不提的当然是小型音乐播放器（以苹果公司的iPod播放器为例）和MP3文件（当然，在讨论它们的时候，不可避免地会提到互联网）。我并没有忘记这两块内容，因此在下面两节中我就将集中探讨。

iPod

如今，大多数人听音乐是通过苹果公司的iPod（图123展示了它最令人熟悉的形象）。下面这个事实可以让你直观感受到iPod现在有多重要：从2001年它被发明出来到我写这本书的时候，苹果公司已经卖出了1亿个iPod，这个数字可不是开玩笑的。现在用iPod听歌的人很可能比通过广播听歌的人还要多。[1]

2001年10月，苹果电脑公司首次发布了iPod。一开始，它看起来好像就是一个普通的数字音频播放器而已，但令人震惊的是，它的存储容量高达5 GB，可以装得下超过1000首

---

[1] 本书英文版出版于2009年，本篇部分数据稍显过时。——编者注

图123　iPod播放器

歌，却小得可以拿在手里。这款设备另一个吸引人的特点是，音乐可以通过iTunes程序联网，登录苹果商店下载。通过苹果商店，你可以下载几千首歌，也可以把CD里的歌转到iPod里。

你可能会好奇iPod这个奇怪的名字是怎么来的。一位负责推广这款设备的营销人员是个科幻迷，他记得《2001太空漫游》里有一句台词："打开舱门，哈尔。"其中的"舱"指的就是宇宙飞船"发现号"上相连的太空舱（pod）。苹果公司决定用pod这个词来给新设备命名，接下来的事大家都知道了。

与如今强大的iPod相比，第一款iPod就像玩具一样。截至2007年，苹果公司推出了五代iPod产品，其存储容量从

5 GB到160 GB。最新款除了播放音频以外还可以播放视频，有些还可以联网。而且，令人惊讶的是（当然，随着科技发展，可能不那么令人惊讶了），它们的功能越来越多、越来越强大，体积却越来越小，重量也越来越轻。此外，新款的iPod还引入了触摸转盘。

最新的iPod可以播放MP3、WAV、AAC、AIFF等格式的文件，还能显示JPEG、BMP、GIF、TIFF、PNG等格式的图片，并且支持H.264、MPEG-4和MOV的视频文件。具体而言，80 GB容量的iPod可以存储20000首歌、100小时的视频以及25000张照片。它的硬盘还可以存储多种数据文件，下载大量的游戏。而这么强大的设备厚度不到1英寸（2.54厘米），重量仅为5.5盎司（约156克）。

通过iTunes程序和苹果商店，用户可以购买350万首歌、几万条播客（关于特定主题的音频数字文件，其中很多是免费的）、3000个音乐视频、20000本有声书、多种电子游戏、电影，甚至电视节目。其中部分内容只适用于更大的视频iPod，有30 GB和80 GB两款，它们都有彩色屏幕，不过也有更小的没有屏幕的iPod可以选择，包括iPod Nano（8 GB）和iPod Shuffle（1 GB）。

我们先来看一下iPod的主要组成部分（当然，不同机型的组成部分也略有不同）：

·硬盘：最大的机型能储存 80 GB 的内容。

·电池：iPod 的电池是可充电的锂电池，这种电池采用锂离子作为电荷。锂是最轻的金属，电化学势（电化学流体中的电势差）也很高，因此是制造电池的理想材料，不过我们无法使用锂单质，因为它不稳定。

·屏幕：一块 2.5 英寸的 LCD 屏。LCD（液晶显示屏）在手表和小型电脑上广泛使用，它们使用了两张极性材料（在不同方向上会表现出不同的性质），中间加入一种液态晶体溶液。通过溶液的电流会让晶体形成不同排列，从而产生图像。

·触摸转盘：它是一个触摸感应的塑料转盘，上面嵌入了电线网络和机械按钮。

·微处理器：它是一块硅芯片，包含一个 CPU（中央处理器），负责控制 iPod 的系统。

·视频芯片：负责控制视频。

·音频芯片：负责控制音频。

iPod 最惊人的一个部分就是它的触摸转盘了，提供了两种输入指令：你可以用手指在转盘上滑动，也可以按动外环下方或是转盘中央的按钮。环的下方有四个按钮，分别代表菜单、返回、快进和播放/暂停。

利用触摸转盘的触摸功能，只要手指在转盘上移动，就可以调节音量、在不同播放列表间来回移动、快进或者快退。但触摸转盘的原理是什么呢？触摸转盘的塑料表皮下有一层膜，中间嵌入了金属线路，形成一个导线网络，就像图表一样，因而转盘上每个位置都有一个"地址"，而触摸感应则是通过电容器实现的。

你在电路系统里可能遇到过电容器，它们可以储存电荷。简单来讲，电容器就是两块导电的板子，彼此之间相距一定距离，因此电荷没法从一块板上跑到另一块板上，如图124所示。每块板子上都连着一根导线，把电容器连接到电路里。电路中流动的电荷（负电荷）会在一块板上聚集，这块板上的负电荷吸引了对面板上的正电荷。在交流电中，电流方向会不断变化，因此电流变化产生的效应就会通过板子进行传递。

在触摸转盘上，你的手指就类似于一张板。手指触摸塑料表面的时候，它与转盘下面的导线网形成一个电容器。电流想要流向你的手指以形成回路，但被塑料板（塑料是绝缘体）阻挡住了。这样，微量电荷就在你手指下方的网格处累积起来。然后，设备内部的控制器会测量电容（当你移动手指时，测量电容的变化），并给iPod的微处理器发送信号，告诉它你的手指在做什么。微处理器收到消息后，做出你指定的操作（例如增加音量或者新建列表）。

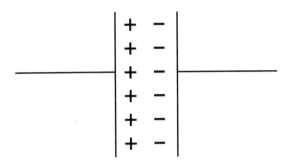

图124　电容器的简单图示

MP3文件

　　MP3是个流行词了，你在过去几年里肯定听到过很多次，而且它跟iPod也紧密相关，因为iPod处理的音乐就是MP3格式的。为了解释MP3是什么，我们先简要介绍一下计算机文件的不同类型。音乐文件，也就是音频文件，和计算机里其他种类的文件没什么不同，本质上都是一种数字文件，遵守一系列特定的规则，规定数字里的所有那些0和1该怎么储存在硬盘里。这些规则就被称为文件格式。前一章里，我们讨论过了MIDI文件格式，而除了MIDI文件之外，还有其他种类的音频文件，如WAV文件、AIFF文件，等等。这几种文件格式被称为非压缩音频文件格式。

　　现在假设有一首WAV或AIFF格式的歌，或者CD上的歌，你想把它上传到互联网上（或者从互联网上下载），这个过程至少得要一个小时，很可能还要长得多。因此，如果你想下载十几首歌，那可太难了，很少人有耐心等这么久。解决这个问题的方法之一由德国和美国的工程师在1979年的大约同一时候发明出来，他们的想法是"压缩"这些音频，压缩的方法则是除去声音中人类听力范围之外的频率部分。就结果而言，这种操作丢弃了音乐中大多数人听不到的部分，保留了其余部分，得到的文件就是MP3文件。因此，一张非压缩格式的CD（或者WAV、AIFF文件）可能要四个小时才能下载完毕，同样长度的MP3文件只需要几分钟。

显然，压缩的缺陷是失去了录音所谓的"保真度"，也就是声音的品质，得到的声音没有原始CD播放出来的那么好听。但大多数情况下，差别相对比较小。如果用一套相对不错的高保真音响，或许可以听出MP3文件与CD的差异，但大多数从网上下载音乐的人所使用的播放设备并不足以展现出其中的差异，因此听起来几乎是一样的。

要把录音转换成MP3格式，当然就需要MP3编码软件，这种软件有很多，有好有坏。这类软件有时候被称为转换引擎。我不一一描述这类软件，毕竟它们太多了。把录音转换成MP3格式以后，就可以传到互联网上（或者下载）了。MP3文件很小，这也鼓励了近年来人们在网上分享音乐，虽然这让唱片公司很是头疼。

　　以上关于iPod和MP3文件的介绍紧跟上了音乐产业的最新现象，以及背后的物理学知识。无疑，在未来的几十年里，还会出现新的创新，相信会有人写一本新的书，来探讨更加广阔的音乐天地。

索 引

推荐阅读

图书：

1. Askill, John. *Physics of Musical Sounds*. New York: Van Nostrand, 1979.

2. Boyd, Bill. *Jazz Keyboard Basics*. Milwaukee: Hal Leonard, 1996.

3. Burrows, Terry. *Total Keyboard*. New York: Sterling, 2000.

4. Cook, Perry. *Music, Cognition, and Computerized Sound*. Cambridge: MIT Press, 1999.

5. Esterowitz, Michael. *How to Play from a Fakebook*. Katonah, NY: Ekay Music, 1986.

6. Hall, Donald. *Musical Acoustics*. Pacific Grove, CA: Wadsworth/Brookes/Cole, 2002.

7. Hutchins, Carleen, ed. Introduction. *The Physics of Music*. San Francisco: Freeman, 1978.

8. Johnson, Ian. *Measured Tones*. London: Institute of Physics Publishing, 2002.

9. Milstead, Ben. *Home Recording Power*. Cincinnati: Muska and Lipman, 2001.

10. Morgan, Joseph. *The Physical Basis of Musical Sounds*. Huntington: Krieger, 1980.

11. Olson, Harry. *Music, Physics and Engineering*. New York: Dover Publications, 1967.

12. Rigden, John. *Physics and the Sound of Music*. New York: Wiley, 1977.

13. Roederer, Juan. *Physics and Psychophysics of Music*. New York: Springer-Verlag, 1995.

14. Strong, Jeff. *Home Recording for Musicians for Dummies*. New York: Hungry Minds, 2002.

15. White, Harvey, and White, Donald. *Physics and Music*. Philadelphia: Saunders, 1980.

16. Wood, Alexander. *The Physics of Music*. London: Methuen, 1962.

网站

1. *Answers.com*. www.answers.com.

2. Calvert, James B. "Waves, Acoustics and Vibrations." *Dr. James B. Calvert*. http://mysite.du.edu/~jcalvert/index.htm.

3. "Electronics Channel." *Howstuffworks*. http://electronics. howstuffworks.com.

4. Elsea, Peter. *UCSC Electronic Music Studios*. http://arts.ucsc.edu/ems/ music.

5. Furstner, Michael. "Jazz Scales Lesson." *Michael Furstner's Jazclass*. www.jazclass.aust.com/scales/scamaj.htm. 2002.

6. Georgia State University. "Sundberg's Singing Formant." *Hyper Physics*. http://hyperphysics.phy-astr.gsu.edu/Hbase/music/singfor. html.

7. *Global Bass Magazine.* www.globalbass.com.

8. Henderson, Tom. "Sound Waves and Music." *The Physics Classroom.* www.physicsclassroom.com/Class/sound.

9. "Music." *Wikipedia.* http://en.wikipedia.org/wiki/music.

10. Sundberg, Johan. "The Acoustics of the Singing Voice." *ESR Acoustics.* www.zainea.com/voices.htm. March 1977.

11. *Themusicpage.org.* http://themusicpage.org.

12. *The Violin Site: Resources for Violinists.* www.theviolinsite.com.

13. Winer, Ethan. "Acoustic Treatment and Design for Recording Studios and Listening Rooms." *Ethanwiner.com.* www.ethanwiner.com/acoustics.html. December 2, 2008.

图书在版编目（CIP）数据

美妙的振动：音乐中的物理学 /（美）巴里·帕克
著；丁家琦译 . —北京：商务印书馆，2023
ISBN 978-7-100-22368-3

Ⅰ.①美… Ⅱ.①巴… ②丁… Ⅲ.①物理学—普及
读物 Ⅳ.① O4-49

中国国家版本馆 CIP 数据核字（2023）第 072852 号

美妙的振动：音乐中的物理学

〔美〕巴里·帕克 著

丁家琦 译

商 务 印 书 馆 出 版
（北京王府井大街 36 号 邮政编码 100710）
商 务 印 书 馆 发 行
北京中科印刷有限公司印刷
ISBN 978 - 7 - 100 - 22368 - 3

2023 年 7 月第 1 版　　　开本 889×1194　1/32
2023 年 7 月北京第 1 次印刷　　印张 12¼

定价：75.00 元